# 거짓말로 배우는 10대들의 통계학

권재원

다른

# 차례

## 4 변인을 측정할 도구 만들기

## 5 모집단을 대표할 표본 만들기

## 들어가는 글 ― 통계는 양날의 칼이다

통계학은 숫자로 이루어진 대량의 자료를 바탕으로 진리를 추론하는 일종의 과학입니다. 숫자라니, 더구나 대량의 숫자라니, 벌써 머리가 아파집니다. 우리는 대체로 숫자를 싫어하고 어려워합니다. 시험 문제에 숫자가 가득한 통계 자료라도 나왔다 하면 포기하는 학생들이 속출합니다. 그냥 말로 하면 될 것을 굳이 숫자로 복잡하게 만든다고 툴툴댑니다. 하지만 통계는 어렵지도 복잡하지도 않으며, 또 싫다고 피해 갈 수 있는 것도 아닙니다.

사실 어렵기로 치면 청소년들이 즐겨 보는 드라마나 애니메이션이 훨씬 더 방대하고 복잡합니다. 컴퓨터로 프로그래밍 하면 통계 자료는 제 아무리 복잡해도 1MB를 넘기기 어렵지만 드라마나 애니메이션은 1GB도 가볍게 넘어가니까요. 이렇게 훨씬 복잡한 것도 쉽게 이해할 수 있는 사람들이 왜 단순한 통계 자료는 어려워할까요? 바로 숫자로 된 자료가 낯설기 때문입니다.

우리는 평소에 갖가지 이야기 속에서 살아갑니다. 그래서 이야기 형태로 된 자료는 아무리 복잡하고 어렵더라도 쉽게 느껴지만 단순한 수치는 낯선 탓에 더욱 어렵게 느껴지지요. 그러나 아무리 낯설고 어렵게 느껴지더라도 21세기를 살아가는 우리는 통계를 모른 척하고 살 수 없습니다. 이미 우리가 살아가는 데 필요한 자료들은 거의 대부분 수치화되어 통계 형식으로 제시되기 때문입니다. 왜 이런 일이 일어났을까요?

원래 통계학은 근대 경험론과 함께 발전한 학문입니다. 경험론은 직접 관찰하고 실험하는 것이 지식의 원천이라고 주장했습니다. 그런데 모든 관측과 실험에는 측정 오차가 있을 수밖에 없기 때문에 수많은 관측 자료들이 서로 조금씩 다르다는 문제가 있었지요. 그래서 서로 다른 대량의 자료를 통해서 진실의 값을 추정해 내는 통계 기법이 사용되었습니다. 통계가 없었다면 근대 자연과학은 발전하기 어려웠을 테고, 자연과학의 발전이 없었다면 오늘날 우리가 누리고 있는 과학 기술 문명은 나타나지 않았겠죠. 이렇게 통계는 우리의 문명과 밀접한 관계를 맺고 있습니다.

그런데 이 책에서는 통계의 모든 영역이 아니라 주로 사회 통계를 다루려고 합니다. 사회 통계는 사회의 여러 현상을 수치화한 것입니다. 사실 사회의 여러 현상을 수치화하여 이해하는 것은 쉬운 일이 아닙니다. 우리가 살아가는 사회는 수많은 사람들의 이야기로 이루어져 있기 때문이죠. 사회를 이해한다는 것은 그 많은 이야기들을 이해하는 것입니다. 우리가 하는 생각도 이야기입니다. 다른 사람의 생각도 이야기입니다. 누군가의 생각을 이해한다는 것은 그 사람의 이야기를 들을 수 있다는 것입니다.

하지만 산업혁명과 더불어 사회의 규모가 커지면서 우리는 이야기를 통해 사회를 이해하기 어려워지게 되었습니다. 예컨대 1700년 대만 해도 유럽 최대 도시였다는 파리나 런던의 인구는 50만 명 남짓밖에 되지 않았습니다. 서울의 한 개 구보다도 적죠? 하지만 불과 100년 만에 인구가 수백만 명은 물론 1,000만 명이 넘는 도시들이 나타났습니다.

이렇게 많은 사람들이 서로 얽혀서 살아가는 사회에서 효율적인 통치를 위해서는 사회에서 일어나는 갖가지 현상들을 수치화하여 일목요연하게 정리하는 통계적인 방법이 필수적이었습니다. 이렇게 해서 자연과학뿐 아니라 세상의 여러 이야기들도 다양한 방식의 통계 자료로 바뀌었습니다. 즉, 사회 통계는 수천만 명이 만들어 내는 수억, 수십억 개의 이야기들이 수치화된 것입니다.

산업혁명 이후 사회는 점점 규모가 커지고 복잡해져 왔으며 앞으로 더욱 그럴 것입니다. 이는 우리가 앞으로 어떤 사회에서 살아가더라도 그 사회의 중요한 자료는 통계 자료 형식으로 되어 있을 거라는 뜻입니다. 그러니 통계 자료를 어렵다고 기피하면 결국 사회의 유용한 정보와 자료 대부분을 포기하는 것과 마찬가지입니다. 선거에서 누가 우리 대표자로 적합한지 판단하기 위해서도, 정부가 일을 제대로 하고 있는지 감시하기 위해서도 통계 자료를 이해할 수 있는 능력은 필수적입니다. 그러니 통계 자료를 이해하는 능력은 민주 시민이 되기 위한 중요한 자질이라 할 수 있으며, 아무리 낯설고 복잡하게 느껴지더라도 배우려고 노력해야 합니다. 자기가 사는 사회의 현상을 알아보지 못하는 시민은 결코 민주 시민이 될 수 없기 때문입니다. 시민들 대다수가 통계 자료를 이해할 수 없다면 권력을 가진 집단은 마음대로 시민을 속이며 권력을 농단할 수도 있습니다. 제가 이 책을 쓴 이유도 바로 여기에 있습니다. 따라서 이 책에서는 통계학에 대한 전반적인 내용을 다루지 않습니다. 공공 정책을 결정할 때 가장 많이 활용되는 각종 서베이 자료를 청소년들이 이해할 수 있도록 하는 것이 이 책의 목표입니다.

어떤 자료를 이해하기 위한 가장 확실한 방법은 그 자료가 만들어지는 과정을 이해하는 것입니다. 따라서 이 책은 가상의 학교에서 학생들이 직접 서베이 조사를 실시하는 이야기를 통해 조사 방법의 기본적인 절차와 논리를 익히도록 되어 있습니다. 물론 구체적인 통계 분석 방법은 너무 어렵고 복잡하므로 여기에서는 다루지 않습니다. 그건 통계 전문가와 컴퓨터에게 맡겨 두면 됩니다. 하지만 여러분들은 이 책을 읽음으로써 통계 전문가들이 어떤 방식으로 일하는지 이해하고, 어떤 통계 자료의 가치를 판단할 수 있는 근거를 갖게 될 것입니다.

통계 자료는 양날의 칼과 같습니다. 잘 만들어진 통계 자료는 거대하고 복잡한 사회 현상을 일목요연하게 보여 줄 수 있습니다. 그러나 통계 자료는 과학적인 방법이라는 외투를 쓰고 있는 탓에 사람을 속이기도 쉽습니다. 그래서 모든 통계 자료는 그 자료가 만들어진 방법과 과정을 공개하게 되어 있습니다. 여러분은 이를 통해 통계 자료의 가치를 판단하고 올바른 자료와 사람을 기만하는 자료를 가려낼 수 있을 것입니다. 이 작은 책이 통계 자료를 이해하고 판단할 수 있는 시민들을 길러 내어 우리나라 민주주의에 조금이라도 기여할 수 있다면 저자는 만족하겠습니다.

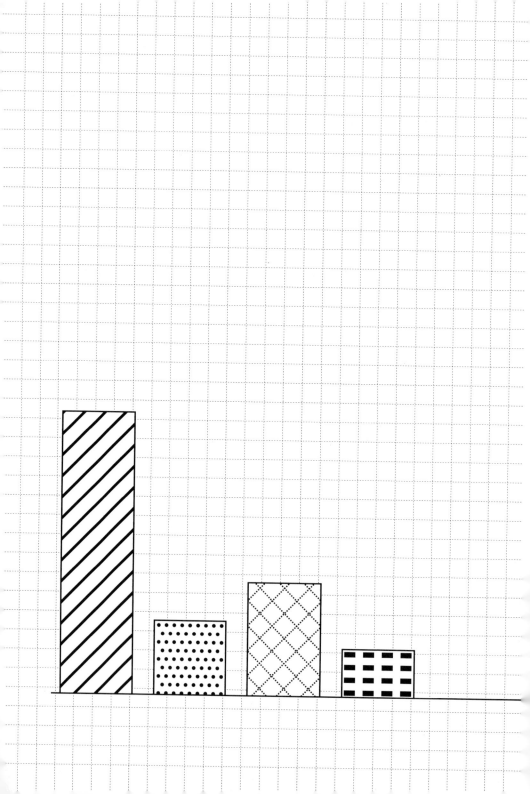

# 1

# 수학여행 논란, 통계를 불러내다

○ ● ○ ● ○

H관광 고등학교는 대한민국 굴지의 여행사인 H여행사가 설립한 학교입니다. 이 학교는 관광 고등학교답게 해마다 학급별로 해외로 수학여행을 다녀옵니다. 일정이 3박 4일밖에 안 되기 때문에 아주 먼 곳은 아니고 주로 싱가포르, 홍콩, 타이완, 일본, 기타 지역 제안을 두고 학급회의를 통해 투표로 수학여행 장소를 결정하였습니다.

그런데 어느 날 H고등학교에 엉뚱한 불똥이 튀었습니다. 조동 일보라는 신문에서 이 학교의 수학여행을 흠집 내는 기사를 낸 것입니다. 기사의 제목만 봐도 부정적인 시선으로 쓴 기사임에 분명했습니다.

"흥청망청 호화판 해외 수학여행, 누구를 위한 것인가"

물론 기사에 학교 이름이 나오진 않았지만, 누구나 H고등학교임을 알 수 있었지요. 기사 내용에는 부유하지 않은 가정은 해외 수학여행비가 큰 부담이 되지만 아이가 학교에서 따돌림 당할까 봐 학부모가 몰래 알바까지 하면서 수학 여행비를 모은다는 신파소설 같은 이야기도 있었습니다.

장진호 선생님은 사회문화 담당 교사이자 학생자치부장을 맡고 있는 이른바 '학주'입니다. 수학여행을 계획하고 준비하는 것도 장진호 선생님이 하는 일 가운데 하나입니다. 선생님은 이 기사에 별 의미를 두지 않았습니다. 사실과는 전혀 다른 기사였으니까요. 사실 H고등학교는 국내 굴지의 여행사가 재단이어서 해외 수학여행이 큰 부담이 되지 않았습니다. 여행 경비는 실비에도 미치지 못할 정도로 저렴했습니다. 제주도로 수학여행을 간다고 해도 이보다 특별히 더 쌀 수 없을 정도였습니다. 게다가 사정이 여의치 않은 학생들에게 주어지는 여행비 보조 혜택도 충분했습니다. 학부모가 수학여행비 때문에 알바까지 나서야 할 정도라니, 기사가 아니라 소설이라고 해도 좋을 정도였습니다. 이 신문은 과거에도 몇 차례 사실 확인 없이, 소설성 기사를 내어 빈축을 샀던 신문입니다.

하지만 교장 선생님의 생각은 달랐던 모양입니다. 여러 선생님들은 해당 신문사와 기자에게 명예훼손으로 손해배상 청구를 해야 한다고 입을 모았지만, 교장 선생님은 학교에 대한 부정적인 기사가 나왔다는 사실만으로도 몸을 사렸습니다.

"올해부터는 수학여행을 국내로만 보내도록 하세요."

교장 선생님의 결정이 알려지자 이번에는 학생들이 난리가 났습니다. 학생회장 한결이는 이대로 있어서는 안 되겠다고 생각하고 장진호 선생님을 찾아갔습니다.

"선생님, 드릴 말씀이 있어서 왔습니다."

"안 그래도 올 줄 알고 있었다. 수학여행 때문에 왔지?"

"네. 저희는 학교의 결정을 이해할 수 없습니다. 수학여행은 해외로 갔으면 좋겠습니다."

"왜 그렇게 생각하지?"

"우리 학교의 전통이었고, 무엇보다도 다수가 원하니까요."

"다수가 원한다고? 그래, 나도 다수가 원하는 대로 수학여행을 진행해야 한다고 생각해. 그런데 다수가 해외 수학여행을 원한다는 건 어떻게 알수 있지? 지금 내 눈에는 너밖에 안 보이는데? 설마 너 혼자 생각은 아니겠지?"

"저만 그렇게 생각하는 게 아니라, 정수랑 명호, 그리고 수민이도 다 똑같이 생각하고 있어요. 수학여행은 해외로 가야 합니다."

"정수, 명호, 수민이라. 하하하. 모두 학생회 간부들이로구나. 이래서는 교장 선생님을 설득하기 어렵겠는걸? 교장 선생님은 그게 학생회 간부들의 뜻이지 어떻게 다수의 뜻이냐고 되물으실 거다."

한결이가 머리를 긁적였습니다.

"그건 그렇네요. 그럼 어떻게 하면 좋을까요?"

"다수가 국내 수학여행보다 해외 수학여행을 바란다는 실증적인 증거가 필요해. 충분한 증거가 있다면 내가 최선을 다해서 교장 선생님을 설득해 보도록 하겠다."

"알겠습니다. 어떻게 해야 할지 대략 감이 와요."

다음 날 아침, H고등학교 등굣길에는 작은 소동이 있었습니다. 학생회장과 학생회 간부들이 교문에서 학생들에게 스티커를 나누어 주며 수학여행 장소에 대한 의견을 물었기 때문입니다.

"여러분! 수학여행을 국내로 가고 싶은 분은 국내 쪽에 스티커를 붙여 주시고, 해외로 가고 싶은 사람은 해외 쪽에 스티커를 붙여 주시기 바랍니다."

이미 제법 많은 학생들이 다녀갔는지 보드에는 스티커가 덕지덕지 붙어 있었고, 대강 봐도 해외 쪽에 스티커가 더 많이 붙어 있었습니다.

수민이가 격앙된 목소리로 말했습니다.

"스티커가 모두 156개야."

"음. 그 정도면 충분해. 결과는?"

"국내 62, 해외 94."

"압도적인 결과네? 좋아. 이제 이걸 들고 선생님한테 가자. 이 정도면 선생님도 다른 말씀 못할 거야."

다른 학생들 역시 한결이와 같은 생각이었지요. 하지만 장진호 선생님의 대답은 뜻밖이었습니다.

"미안하지만 이 결과를 인정할 수 없다."

수민이가 거의 울상이 되어 말했습니다.

"왜요? 저는 선생님이 우리들 편이라고 믿었어요. 실망이에요."

"물론 난 너희들 편이다. 그런데 이건 다른 문제란다. 너희들이 잘못된 조사 결과를 가져왔는데도 편을 들어줄 수는 없단다."

한결이가 억지로 표정을 밝고 씩씩하게 만들어 가며 말했습니다.

"이게 잘못된 조사 결과라고요? 이 스티커는 저희들이 마음대로 붙인 게 아니에요. 다수 학생의 의견을 이렇게 무시하시면 안 되죠!"

선생님이 피식 웃으며 되물었습니다.

"한결아, 그게 우리 학교 학생들 의견을 대표한다고 할 수 있을까? 그리고 대체 몇 명에게 물어봐야 다수의 의견이라고 할 수 있을까?"

# 일일이 물어보지 않고 어떻게 수많은 사람의 의견을 알아낼 수 있을까?

우리 학교 학생은 총 1,150명이다. 그런데 이건 156명의 응답이다. 그중 94명이 해외 수학여행을 원한다고 대답한 거지. 그런데 그걸 가지고 전교생의 3분의 2가 해외 수학여행을 지지한다고 말할 수 있을까? 조사에 응하지 않은 다른 학생들 생각도 그럴까? 혹시 너희가 조사한다는 소식을 듣고 수학여행을 외국으로 가고 싶어 하는 학생들이 필사적으로 참가했을 수도 있잖니. 어디로 가든 상관없다고 생각하는 학생들은 무관심하게 넘어갔을 수도 있고.

겨우 156명이라뇨? 저는 156명이라면 오히려 넘치고도 남을 정도로 많은 응답자라고 생각합니다.

선거 때마다 나오는 여론 조사도 그렇게 많은 사람들한테 물어보는 게 아니라고요. 선거 여론 조사 응답자 수가 얼마나 되는지 아세요? 적게는 500명, 많아야 2,000명이었어요. 그런데 유권자 수는 무려 4,000만 명이나 되잖아요. 이 많은 유권자 가운데 겨우 500~2,000명한테 물어본 건데, 그 결과로 어떤 후보가 얼마나 지지받고 있는지 예측하는 거고요.

😑 미국은 더 심하지. 많아야 3,000명 이내의 응답자에게 물어보고서는 2억이 넘는 유권자들의 생각을 예측하니까.

🙂 맞아요. 제 말이 바로 그거라고요. 미국 유권자 2억 명 가운데 3,000명이면 겨우 전체의 0.0015%예요. 반면에 1,150명 가운데 156명이면 무려 13.5%나 되고요. 전체의 0.0015% 사람들에게 물어보고 국가의 중대사인 선거를 예측하는데, 무려 13.5%에게 물어보았으면 충분히 많은 사람들에게 물어본 거 아닌가요?

😑 하지만 난 미국 유권자의 0.0015%에게 물어본 여론 조사가 네가 우리 학교 학생 13.5%에게 물어본 여론 조사보다 더 정확하다고 본단다.

😀 네? 도대체 어떻게 그런 결론을 내릴 수가 있어요?

😀 미국 유권자 2억 명 가운데 3,000명이나 우리 학교 학생 1,150명 가운데 156명이나 전체가 아니란 점에서는 마찬가지다. 물론 전체 중 소수에 불과하다는 점도 똑같고. 그렇다면 한결이 너나 미국의 여론 조사 기관은 왜 전체에게 물어보지 않고 일부 소수에게만 물어보았을까?

😀 그거야 전체에게 물어보는 것이 불가능했으니까요.

😀 가족 여행을 동해안으로 갈지 남해안으로 갈지 정할라치면 가족 회의를 해서 바로 정하면 돼. 하지만 정부에서 국민들을 상대로 다음과 같은 것들에 대한 생각을 알아보고 정책을 결정하려 한다고 치자.

• 원자력 발전소를 더 지어야 하는가, 아니면 돈이 더 들더라도 신재생 에너지에 투자해야 하는가?
• 복지를 위해 세금을 올리는 것이 좋은가, 아니면 경기 회복을 위해 감세를 실시하는 것이 좋은가?

가장 좋은 방법은 국민들에게 직접 물어보는 거지만 정책을 결정할 때마다 국민 전체에게 물어보고 결정할 수 있다면 처음부터 선거로 대표자들을 뽑을 필요도 없었겠지. 인구가 몇 천 명쯤 되는 작은 나라라면 모를까, 우리나라처럼 인구가 5,000만 명이 넘는 나라에서는 불가능한 일이야. 설문지 수천만 장, 그것들을 분류할 인력, 응답할 장소 등 엄청난 비용이 들어가고 준비와 조사 결과를 처리하는 시간도 많이 걸리겠지. 이렇게 전체에게 물어보는 것이 불가능하거나 비용이 너무 많이 들 경우 우리는 전체 중 일부에게만 물어보고, 그 결과를 가지고 전체의 생각을 추측한다. 대부분의 여론 조사가 이런 방법을 사용하지.

자, 그럼 우리나라 고등학생들이 대학입시에서 수능과 내신 어느 쪽의 비중이 더 많이 반영되길 바라는지 알아보려면 어떻게 해야 할까?

고등학생이 모두 200만 명이나 되는데 일일이 다 물어볼 수는 없으니 일부에게만 물어보고 그 결과를 바탕으로 고등학생 전체의 뜻을 유추해야 하겠네요.

그렇지. 이렇게 조사 대상이 되는 집단의 규모가 매우

클 경우 그중 작은 일부만 조사하고, 그 결과를 가지고 전체 집단에 적용하는 것을 영어로 서베이(survey)라고 한다. 대부분의 사회 조사, 여론 조사가 서베이 방법을 사용하고 있지.

이때 조사 대상이 되는 전체 집단을 모집단, 실제로 조사하게 되는 작은 일부를 표본(샘플), 그리고 전체 집단에서 표본을 선정해 내는 과정을 표집(샘플링)이라고 한다.

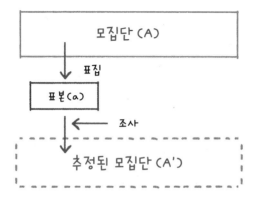

사실 이건 여론 조사보다 자연과학에서 먼저 사용했단다. 표본이라는 용어 자체도 과학 시간에 많이 듣는 용어지? 병원에서 실시하는 건강 검진을 한번 생각해 보자. 우리 몸에 이상이 있는지 검사하기 위해 온몸의 피를 다 뽑는 건 불가능하겠지. 그래서 4,000cc의 혈액 중에서 5cc정도의 혈액만 표본으로 표집한 뒤 조

사해서 우리 몸 전체 상태를 추정한다. 이 경우는 우리 몸의 혈액 전체가 모집단, 채혈된 주사기 속의 혈액이 표본이라고 할 수 있겠지?

# 0.0015%의 응답은 믿으면서 13.5%의 응답은 믿을 수 없다고?

이때 추정된 모집단 A′와 원래 모집단 A의 값은 완전히 같을 수는 없단다. 그래서 추정된 모집단 A′와 원래 모집단 A의 차이를 어떻게 최소화하느냐가 서베이 조사의 가장 중요한 핵심이란다. 만약 조사 결과에 오차가 생겼다면 어디서 잘못된 걸까?

우선 표집 과정에서 문제가 있었을 수 있어요. 사실 그렇잖아요? 수천만 명 심지어 수억 명 가운데 겨우 몇 천 명만을 표본으로 뽑아 전체를 대표하게 하는 건데 오차가 안 나면 이상한 거 아니겠어요? 그리고 조사 과정에서 오차가 생길 수도 있겠네요. 표본으로 선정된 사람들이 질문을 잘못 이해하거나, 아니면 질문 자체가 알아보려고 했던 것과 무관한 것일 수도 있고 말이죠.

⬤　　맞아, 서베이 조사에서는 표본을 추출하는 과정에서 발생하는 표집오차와 조사 과정에서 발생하는 비표집오차가 있단다. 표집오차는 표집 과정이 잘못되어 표본이 모집단을 제대로 대표하지 못한다는 뜻이고, 비표집오차는 표본에는 문제가 없으나 잘못된 조사 도구, 조사자의 실수 등 조사 과정이 잘못되어 오차가 발생했다는 뜻이지.

서베이 조사 전문가들은 오차를 최대한 줄이기 위해 여러 가지 방법을 고안하고 연구하고 있단다. 모집단을 어떻게 설정하고, 표본을 어떻게 표집할지, 그리고 표집된 표본으로부터 어떻게 자료를 수집하고 처리할 것인지를 사전에 철저하고 정밀하게 설계해 두기 때문에 이 일을 조사 설계, 혹은 조사 디자인이라고 하지.

물론 그렇게 한다고 해서 오차가 완전히 사라지지는 않지만 적어도 오차를 최소로 줄이고, 오차가 어느 정도일지 미리 예측할 수 있고, 오차를 더 줄이기 위해 무엇이 개선되어야 하는지 연구할 수는 있지. 그래서 여론 조사에서 중요한 것은 표본이 모집단 중 몇 퍼센트인지가 아니라, 사전에 조사 절차가 얼마나 철저하게 계획되고 정교하게 설계되었느냐 하는 것이다. 내가 0.0015%를 표집한 여론 조사 기관의 결과를 13.5%에게 물어본 네 결과보다 더 신뢰한다고 말한 것도 그 때문이란다.

🧑 뭐가 문제인지 확실히 알았어요. 서베이의 생명은 어떻게 하면 최소의 표본만 선정하고서도 표집오차를 최소화할 수 있느냐에 있어요. 그런데 저는 어떤 근거로 어떤 과정을 거쳐 전교생의 13.5%를 표본으로 선정했는지에 대해 아무 생각이 없었어요. 만약 156명을 표본으로 삼을 생각이었다면 어떤 절차를 거쳐 156명을 선정할 것인지 분명한 계획이 있어야 했고, 또 그렇게 선정된 156명이 왜 1,150명을 대표할 수 있는지 설명할 수 있어야 했어요.

🧑 그래. 그럼 이제 어떻게 할 거냐?

🧑 네. 표집부터 다시 해야겠어요. 그런데 몇 명을 표집하는 게 적당하고, 또 어떻게 표집해야 하나요? 여론 조사 전문가들은 2,000명을 표집해서 수천만 명을 대표할 수 있다고 주장하는데, 어떻게 이게 가능하죠?

# 전체를 대표할 표본은
# 어떻게 뽑을까?

😟     여론 조사 기관은 다수를 대표할 소수를 뽑기 위해 확률 표집을 한단다. 확률 표집이란 모집단의 구성원들이 표본으로 선정될 확률을 모두 동등하게 갖는 상태에서 이루어진 표집을 말한 단다. 예를 들어 대한민국 유권자 4,000만 명 가운데 2,000명을 표본으로 여론 조사를 한다고 하자. 그렇다면 각각의 유권자들 누구나 표본으로 선정될 확률이 1/20,000로 같은 상태에서, 또 같다고 인정할 수 있는 상태에서 2,000명이 표집되어야 한다.

😐     여전히 어려운데요.

🙂     예를 들어 전교생 1,150명 가운데 115명을 표집하여 표본으로 삼으려 한다면 모든 학생들이 표본에 선정될 확률이 1/10로 같아야 한다. 이게 왜 중요하냐 하면, 만약 특정 성향이나 성격을 가진 구성원들이 표본으로 선정될 가능성이 더 크다면, 그렇게 표집된 표본은 모집단을 제대로 대표하지 못하고, 특정한 성향이

나 성격을 가진 구성원들만을 대표하게 되지 않겠냐?

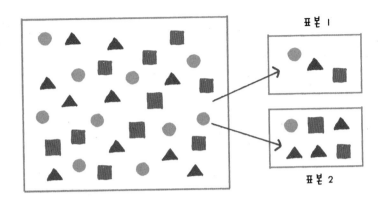

위 그림처럼 모두 30명으로 구성된 모집단이 있다고 하자. 그리고 이 모집단에 동그라미 10명, 세모 10명, 네모 10명이 있다고 하자. 이때 전체의 1/10을 표집하는데, 이 세 속성을 가진 사람들이 표본에 선정될 확률이 똑같다면 각각 한 사람씩 표본 1처럼 표집될 가능성이 크다. 물론 꼭 그런 건 아니지만, 그럴 가능성이 크다는 거야. 그런데 만약 표본의 수를 두 배로 늘려 2/10를 표집한다고 하고, 세모의 속성을 가진 사람들이 표본에 선정될 확률이 다른 속성을 가진 사람들보다 더 큰 상황이라면 표본 2와 같은 결과가 나온다. 자, 표본 1이 표본 2보다 수는 적지만 모집단을 더 정확하게 대표하고 있음은 한눈에도 분명하지 않니?

아, 그렇군요. 제가 했던 여론 조사는 마침 그 시간대에 등교하는 학생들, 선배들이 보는 앞에서 자기 생각을 표현할 수 있는 배짱이 있는 학생들이 표본으로 선정될 확률이 훨씬 높았던 거예요. 학교에 먼저 등교했거나 나중에 등교한 학생들, 그리고 공개된 장소에서 스티커를 붙일 용기가 없는 학생들은 처음부터 표본에 선정될 가능성이 없었어요.

그래서 내가 너희들 조사 결과를 믿을 수 없다고 한 거란다. 물론 그 156명의 응답 결과가 1,150명을 잘 대표할 수도 있어. 하지만 그건 순전히 우연한 결과지. 우연한 결과를 가지고 중요한 결정을 내릴 수는 없지 않겠니?

하지만 모든 구성원들의 표집 확률이 같았음을 증명할 수 있다면 얘기가 다르지. 특정한 성향이나 특성을 가진 구성원들에 치우치지 않고 다양한 속성의 구성원들이 표본에 골고루 분포되었음을 보여 준다면 모집단에 대한 대표성이 그만큼 커지는 거니까. 즉 표집오차를 최소화했다는 말이지.

선생님의 설명을 듣고 나자 한결이는 갑자기 새로운 세계가 열리는 것 같았습니다. 여론 조사는 한결이가 평소 생각했던 앙케이트 조사 같은 것이 아니었습니다. 훨씬 체계적이고 과학적이고 정교한 작업이었지요. 한결이는 당장이라도 표본을 뽑아서 여론 조사를 해 보고 싶어졌습니다.

"선생님, 그럼 지금 당장 우리 학교 학생들 중 100명을 확률 표집 해 보면 어떨까요?"

"음. 그래. 하지만 이거 어떻게 하지?"

선생님은 난처한 모습으로 턱을 만지작거렸습니다.

"벌써 퇴근 시간이 지나서 말이야. 미안하지만 내일 하면 안 될까?"

"네. 어쩔 수 없죠."

어쩌겠어요? 학생에게 학습권이 있듯이 선생님에게도 기본권이 있는 걸요. 한결이는 내일을 기약하며 선생님에게 인사를 드린 뒤 교무실을 나왔습니다.

# 아니, 우리나라에 세계적인 아티스트가 이렇게 많아?

요즘 각종 세계적 아티스트를 선정하는 웹 사이트에서 우리나라 가수들의 활약이 놀랍습니다. 이런 선정 과정이 있었다 하면 십중팔구 우리나라 가수들이 1, 2위를 독식하니까요. 과연 K-POP이 대세라며 자랑스러워하는 사람들도 많습니다.

하지만 선정 과정의 문제점을 지적하는 사람들도 있습니다. 세계적 아티스트를 선정하는 웹 사이트의 투표 방식이 누구나 자유로이 접속하여 몇 번이고 반복하여 클릭할 수 있는 방식이기 때문입니다. 따라서 인터넷 환경이 좋고 인터넷 사용 시간이 많은 동아시아 지역 가수들이 더 유리하다는 뜻입니다. 더구나 우리나라 아이돌 가수 팬들은 '사생팬'이라는 말이 나올 정도로 충성도가 유별나게 높아서 밤을 새워 가며 집단적으로 반복 투표를 하기도 합니다.

이렇게 인터넷으로 자유롭게 투표하는 방식은 세계 대중음악 팬들을 모집단이라고 했을 경우, 우리나라 대중음악 팬들이 참여할 확률이 월등하게 높기 때문에 전체를 대표하는 결과를 얻을 수 없습니다. 사실 우리나라 가수들이 세계적으로 유명해진 것은 아니었던 거지요.

# 시청률은 도대체 어떻게 산출하는 것일까?

예능 프로그램인 '꽃보다 할배'가 케이블 텔레비전으로는 경이로운 기록인 시청률 7.4%를 기록했다고 합니다. 그런데 이 시청률이라는 것은 도대체 어떻게 확인할까요? 그리고 얼마나 믿을 수 있는 것일까요?

지금은 거의 모든 가구가 텔레비전 수상기를 보유하고 있습니다. 1,757만 가구 모두에게 "지금 어떤 프로를 시청할 수 있습니까?" 하고 물어볼 수 없음은 당연합니다.

시청률 조사기관에서는 3,000가구 이상의 표본을 일단 확보한 다음, 그 가구에서 시청하는 텔레비전에 피플미터기라는 장치를 설치합니다. 그러면 그 가구에서 어떤 프로그램을 얼마나 시청하고 있는지에 대한 정보가 마치 자동차 블랙박스처럼 기록되어 조사기관으로 집계됩니다. 즉, 조사 때마다 표집하는 것이 아니라 한 번 표집한 표본을 유지하면서 그 표본을 대상으로 계속 조사하는 것입니다. 이렇게 일정 기간 이상 표본의 역할을 하는 집단을 패널이라고 합니다. 패널을 이용한 조사는 비교적 성실한 응답자들로만 구성된 안정된 표본을 확보할 수 있지만, 패널을 이루는 사람들의 구성 비율이 고령화와 같이 실제 모집단에서 일어나고 있는 변화를 반영하지 않을 경우에는 큰 문제가 되기도 합니다.

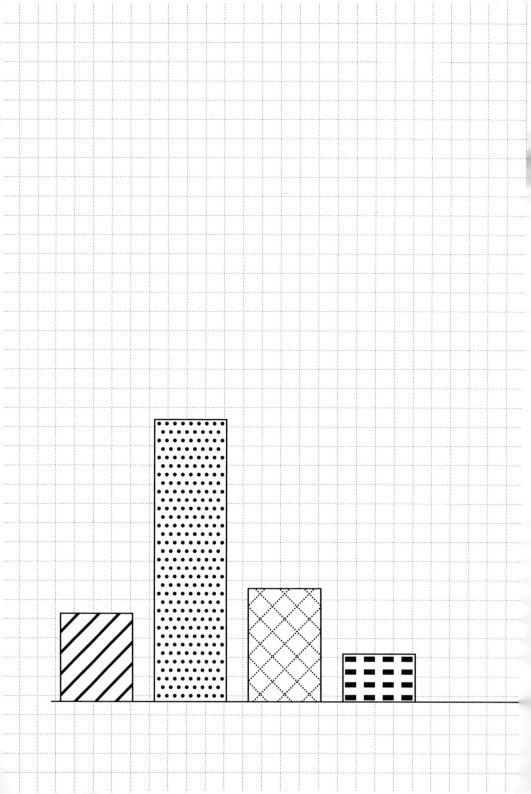

# 2
# 무엇을
# 누구에게
# 물어볼지
# 결정하기

○ ● ○ ● ○

다음 날 수업이 끝나자마자 한결이는 교무실로 달려갔습니다.

"선생님! 선생님! 어제 말한 확률 표집 말인데요."

하루가 지나 어제 일을 까맣게 잊어버린 선생님은 한결이를 멀뚱히 쳐다보기만 했어요.

"아, 선생님, 어제 여론 조사에 대해 가르쳐 주셨잖아요. 수학여행 때문에요. 여론 조사 방법에 대해 더 배우고 싶어요."

"원 녀석 하고는. 이거 배우기로 작정하면 꽤 긴 시간이 필요한데. 그러다 보면 수학여행 벌써 갔다 오고도 남겠다."

"빨리 익히려고 노력해 볼게요. 수학여행이 아니더라도 쓸모가 많을 거같아요. 각종 여론 조사, 시장 조사 같은 데 통계가 엄청나게 많이 활용되고 있잖아요? 그러니까 그 원리를 잘 알아 두는 것도 앞으로 사회생활에 큰 도움이 될 것 같아요. 그런데 학교에서는 그걸 잘 가르쳐 주지 않거든요. 마침 선생님 같은 분을 만났으니까 졸업하기 전까지 최대한 배워 가지고 나가려고요."

"아. 너무 실용적이라서 소름이 끼친다. 좋아. 그럼 당장 써먹을 게 아니라니까 1장 1절부터 시작해 볼까?"

"1장 1절이라뇨?"

"어제는 주로 표집에 대해서 말했는데, 사실 표집은 조사 절차 중 한 단계일 뿐이잖니? 그러니 먼저 전체 조사 절차부터 익히고 나서 차례차례 단계별로 공부해 나가는 것이 바른 순서 아니겠니?"


# 무엇을 왜, 누구에게 조사해야 할까?

여론 조사와 같이 사회 구성원들의 생각이나 특성을 조사하는 것을 사회 조사라고 한다. 그런데 모든 사회 조사의 출발점은 바로 "무엇을 조사할 것인가?", 즉 주제를 선정하는 것이다. 주제라고 해서 뭐 거창한 것은 아니고, 이렇게 두 줄을 쓰면 그게 조사 주제란다.

① 조사 방법을 사용하면서 알고자 하는 사실이 무엇인가?

② 그 사실을 알아야 하는 이유는 무엇인가? (그 사실을 앎으로
   써 어떤 도움이 되는가?)

그런데 이 두 줄을 명확하게 쓸 수 없는 거라면 조사할 만한 가
치가 없다고 봐야 하지. 아이들이 재미삼아 해 보는 각종 심리 테
스트나 앙케이트 같은 것들이 그렇지. 자, 그럼 한결이가 이번에
해 보려 했던 조사를 이렇게 두 줄로 정리해 볼 수 있겠니?

🧑    네. 어렵지 않아요. 이렇게 되겠네요.

① 알고자 하는 사실: H고등학교 학생들 중 수학 여행지로 국
   내와 해외를 선호하는 학생들의 비율이 어떻게 되는가?
② 알아야 하는 이유: 학생들의 의견을 반영하여 수학 여행지
   를 민주적인 절차를 거쳐 결정한다.

🧑    네가 조사하려고 했던 내용과 이유가 분명하니 충분히
조사할 만한 가치가 있다는 것이 입증되었다. 그다음에 할 일은
모집단을 설정하는 거다. 모집단은 조사 주제에서 바로 알아낼 수
있단다. 대통령 선거를 위한 여론 조사라면 선거일 당시 만 19세

가 될 대한민국 성인 전체가 모집단이 될 것이고, 국회의원 선거를 위한 여론 조사라면 해당 선거구에 거주하고 있는 사람들만이 모집단이 되겠지. 한결이가 세운 주제에서도 이미 모집단이 무엇인지 분명히 드러나 있지?

🙂 네. H고등학교 학생들이 모집단이에요.

🙂 막연히 H고등학교 학생들이라고만 하면 좀 모호한걸? 조사를 위해서는 좀 더 정교하게 규정해야 할 것 같구나. 예를 들면 오늘을 기준으로 현재 H고등학교에 적을 두고 있는 학생, 이런 식으로 말이지. 뭐 어쨌거나 좋다. 이렇게 모집단을 설정했으면 다음에는 뭘 해야 할까?

🙂 모집단에서 표본을 표집해야 해요.

🙂 그럼 표집할 때는 뭐가 필요할까?

🙂 명단요. 전교생 가운데 100명을 뽑으려면 전교생이 다 나와 있는 명단이 있어야 누구누구가 뽑히는지 확인할 수가 있으니까요.

사실 우리가 모집단이라는 말은 하지만 실제 우리가 눈으로 확인할 수 있는 것은 모집단이 아니라 모집단 구성원들의 이름이나 번호 따위가 적혀 있는 명단이야. 이런 명단이 없으면 모집단에 누가 있는지 알 수 없으니 결국 누구를 표본으로 표집해야 할지도 결정할 수 없게 된다.

예컨대 모집단은 H고등학교 재학생이지만 실제 우리가 표집에 사용하는 것은 H고등학교 전교생 명렬표 같은 것이라는 말이지. 이렇게 이론적으로 설정된 모집단과 달리 실제 표집에 사용할 모집단 구성원의 총명단을 표집틀이라고 한단다.

어차피 그게 그거 아닌가요? 우리 학교 학생들 전체나 명렬표에 기록되어 있는 학생들이나 똑같잖아요.

일치할 수도 있고, 일치하지 않을 수도 있지. 명렬표가 오늘 만들어진 게 아니라면 그 사이에 전학 간 학생들은 우리 학교 학생이 아니지만 명단에는 남아 있을 테고, 전학 온 학생들은 우리 학교 학생인데도 명단에 없을 거야.

우리 학교 명렬표야 실제 학생들과 그렇게 차이가 많이 나지는 않을 거다. 하지만 명렬표랑 모집단이 차이가 나서 문제가 되는 경우도 있단다. 그래서 표집에 들어가기 전에 표집틀이 실제 모집단의 구성원들을 얼마나 빠짐없이 담고 있는지, 혹시 너무 많이 누락되지는 않았는지 확인하는 것이 매우 중요하다. 누락이 아예 없으면 더 좋겠지만, 사실 많은 경우에 그건 불가능하고.

## 표집틀과 모집단이 차이가 많이 나면 어떤 문제가 생길까?

실제로 명렬표랑 모집단이 차이가 많이 나서 문제가 생긴 경우가 있나요?

모집단의 규모가 아주 큰 경우에는 모집단과 표집틀이 차이가 많이 나면 큰 문제가 생긴단다. 이를테면 선거 전에 실시하는 지지 후보 여론 조사 같은 경우가 그렇지. 이런 조사들은 모집단의 규모가 크기 때문에 표집틀에 문제가 있으면 그 오차도 어마어마하게 커질 수 있단다. 그래서 내로라하는 기관들이 큰 망신을 당하기도 했지.

자, 다음 표를 한번 보렴. 괄호 안에 있는 숫자는 지지율(%)이고 위에 적힌 사람은 여당, 아래 적힌 사람은 야당이란다. 그리고 붉은 글씨는 당선자를 표시한 거고.

| | 선거 | 여론 조사 | 실제 결과 |
|---|---|---|---|
| 1 | 2010 서울시장 선거 | 오세훈(50.4) 한명숙(32.6) | 오세훈(47.4) 한명숙(47.2) |
| 2 | 2010 인천시장 선거 | 안상수(45.6) 송영길(40.5) | 안상수(44.4) 송영길(52.7) |
| 3 | 2011 강원도지사 선거 | 엄기영(45) 최문순(28) | 엄기영(46) 최문순(51) |
| 4 | 2011 서울시장 선거 | 나경원(47.7) 박원순(37.6) | 나경원(46.2) 박원순(53.4) |

우선 2010년 서울시장 선거 이외에는 여론 조사가 모두 당선자를 잘못 예측한 것으로 나왔다. 물론 당선자를 맞게 예측한 2010년 서울시장 선거 여론 조사도 수치는 차이가 많이 났다. 여론 조사 결과대로라면 오세훈 후보가 한명숙 후보를 18%라는 압도적인 차이로 이겼어야 하지만 실제로는 겨우 0.6% 차이로 이겼다. 아무리 어느 정도 오차는 감수한다고 해도 18%나 오차가 나 버리

면, 이런 조사 결과는 아무 의미가 없지 않겠니?

그리고 그 아래에 있는 인천시장 선거, 강원도지사 선거, 2011년 서울시장 선거에서는 여론 조사상에서는 크게 앞서 있었던 여당 후보가 실제 선거 결과에서는 야당 후보에게 크게 뒤지는 것으로 바뀌고 말았다. 오차가 13~25%까지 나다니! 여론 조사와 실제 결과가 이렇게 차이가 나니 이건 뭐 여론 조사라고 할 수도 없을 정도였지.

그러네요. 저렇게 오차가 크면 뭐 하러 비싼 돈을 들여서 전문가들한테 여론 조사를 맡겨요? 차라리 복잡하게 여론 조사 같은 거 하지 말고 그냥 점쟁이한테 물어보는 게 낫겠네요.

하하. 너무 뭐라 그러지 마라. 전문가도 틀릴 때는 있단다. 심지어 망신스러울 정도로 크게 틀릴 때도 있지. 하지만 이렇게 틀리는데도 전문가는 점쟁이랑은 다르단다. 점쟁이는 왜 틀렸는지 설명할 수 없지만 전문가는 어디서 뭐가 잘못되었는지를 찾아내서 고칠 수 있거든. 그게 여론 전문가와 점쟁이의 차이지. 그러니 여론 조사 전문가들은 이렇게 엄청난 오차가 나타났을 때 그 원인을 집중적으로 분석했겠지. 자, 한결이가 전문가 입장에서 저 선거 결과를 분석해 볼래?

🧑 음. 제가 전문가는 아니지만 한눈에 알아볼 수 있겠는걸요? 여당 후보들은 여론 조사와 실제 선거 때 지지율에 큰 차이가 없어요. 그런데 야당 후보들은 여론 조사보다 실제 선거 때 지지율이 큰 폭으로 올라가요. 그러니까 이 오차는 대부분 여론 조사가 야당 후보의 지지율을 실제보다 훨씬 낮게 예측한 데서 비롯된 거예요.

🧑 아주 정확하게 잘 보았다. 야당을 지지하는 사람들의 의사가 여론 조사에서 대거 누락되었던 거야. 그래서 여론 조사가 형편없이 빗나간 거지. 그렇다면 야당 지지자들이 어째서 여론 조사에서 대거 누락되었을까?

🧑 표집틀이 모집단과 차이가 많이 나서요.

🧑 그래. 오래된 표집틀을 사용한 탓에 그동안 모집단 구성에 변화가 있었던 것을 반영하지 못한 거지. 그래서 모집단 가운데 상당수 사람들이 표집틀에서 누락되었고, 하필이면 누락된 사

람들 가운데 야당 지지자들이 많았던 것이다.

🙍 그것 참. 어떻게 그런 일이 일어났을까요? 혹시 여론 조사 기관이 일부러 그런 건 아닐까요? 여당이 더 유리한 것처럼 여론 조사 결과를 발표하려고요. 그럼 중도층 후보들은 여당이 더 유리한가 보다 생각하고 그쪽을 찍을 테니까요.

🙍 그런 의심을 한 사람들도 있긴 하지만 거기까지 나가지는 말자꾸나. 다시 본론으로 돌아가서, 서울시장 선거 여론 조사를 한다면 모집단은 무엇일까?

🙍 현재 서울에 거주하고 있는 유권자, 그러니까 만 19세 이상의 성인이면서 주소가 서울인 한국인이요. 음, 모집단이 엄청 커요. 거의 800만 명은 될 것 같은데요.

🙍 정확하게는 837만 명이었다. 그런데 문제는 표집틀이야. 서울시 유권자 837만 명이 들어 있는 명단 같은 게 있을까?

🙍 선거인 명부 같은 게 있지 않나요?

아, 물론 선거관리위원회가 가지고 있는 선거인 명부가 있지. 하지만 이건 기밀문서이기 때문에 여론 조사 기관이나 후보자 선거 운동 캠프에서 가져다 쓸 수 없어. 민감한 개인정보를 담고 있어서 유출하거나 다른 용도로 사용하면 감옥에 갈 정도로 엄하게 처벌한단다. 그렇다면 여론 조사 기관은 도대체 어떤 명단을 가지고 표본을 추출한 것일까? 즉 이때 표집틀은 과연 무엇이었을까?

그러게요. 서울 시민의 명렬표 같은 것은 없을 텐데.

# 명렬표가 없는 아주 큰 모집단은 어떻게 표집틀을 확보할까?

1980년대 이후 여론 조사에서 표집틀로 가장 많이 사용했던 목록은 전화번호부다. 정확히 말하면 사업장이나 회사가 아닌 일반 집 전화번호만 등록되어 있는 KT 전화번호부 인명편을 사용했단다. 1980년대만 해도 웬만한 전화번호는 여기에 다 적혀 있었어. 그러니 여기 등록된 서울 전화번호 가운데 확률 표집으로

2,000개를 선정한 다음 전화를 걸어 여론 조사를 하면 사실상 서울 유권자 중에서 확률 표집한 것과 비슷한 효과를 기대할 수 있는 거지.

그건 좀 아닌걸요? 전화 없는 집은 어떻게 하고요?

바로 그런 논리로 처음에는 전화번호부를 표집틀로 사용하는 데 반대가 많았단다. 사실 1960년대만 해도 전화는 아무나 가질 수 있는 물건이 아니었거든. 그러니 전화번호부에 등록된 집 전화번호들 가운데 일부를 선정하여 표본을 구성하면 전 국민을 대표하는 것이 아니라 어느 정도 수준 이상의 부자들만 대표하는 결과가 되었지. 하지만 1980년대쯤에는 전화 없는 집이 거의 없었기 때문에 전화번호부가 전 국민 인명록 같은 역할을 할 수 있게 되었단다.

하지만 그건 집 전화번호잖아요. 전화를 걸었을 때 전화번호부에 등재된 사람이 받지 않을 수도 있잖아요. 사실 전화를 누가 받을지 어떻게 아나요? 어른이 받을 수도 있고, 아이가 받을 수도 있어요. 게다가 만약 오후 2시에 전화를 걸어 조사했다면, 그

표본은 모집단이 아니라 오후 2시에 집에서 전화 받을 수 있는 사람, 그러니까 노인이나 가정주부만 대표하는 것 아닌가요?

🧑 와, 한결이가 아주 예리한걸? 맞아. 그런 문제가 있지. 하지만 그게 그렇게 큰 오차를 만들 만한 건 아니란다. 그런 문제라면 이렇게 해결할 수 있어. 전화번호 2,000개를 표집하고 비슷한 시간대에 전화를 거는 게 아니라 400개 단위로 각각 다른 시간대, 그러니까 아침, 오전, 오후, 저녁, 밤에 거는 거지. 또 오후에 걸어서 안 받으면 다른 시간대에 다시 걸어 보기도 하고. 그 밖에도 그런 문제를 해결할 수 있는 방법은 얼마든지 있단다. 그래서 1980년대부터 1990년대까지는 집 전화가 기록된 전화번호부를 이용한 여론 조사가 상당히 정확하게 맞아떨어졌어. 문제는 2000년대 이후부터 발생했지. 자, 전화와 관련해서 2000년대 이후 어떤 일이 일어났을까?

🧑 음. 그게…… 맞다! 휴대전화요.

🧑 그래. 휴대전화가 등장한 건 큰 변화지. 특히 도시에 거주하는 젊은 층 중에는 휴대전화만 사용하고 집 전화를 아예 설치

하지 않는 사람들이 늘어났단다. 또 집 전화가 있는 사람들 가운데서도 사생활 보호 등을 이유로 전화번호부에 등재하는 것을 거부하는 경우도 있었고. 2010년 정도 되니까 집 전화 없이 휴대전화만 사용하는 사람들이 전체의 30%에 육박하고, 또 집 전화가 있는 사람들 중에 개인정보 보호 등을 이유로 전화번호부 등재를 거부한 사람이 절반을 넘어서게 되었다.

이제 전화번호부로 표본을 선정하게 되면 집 전화가 없는 30%의 사람들은 물론, 집 전화가 있는데도 전화번호부에 등재되지 않은 사람들은 표본 선정에서 아예 제외된다. 그러니 전화번호부에 등재된 번호를 가지고 아무리 확률 표집을 정확하게 해 본들, 모집단의 30%에서 표집한 표본으로 모집단 전체를 추론한다는 것은 말이 안 되지. 더군다나 표본에 제외된 사람들은 주로 40대 이하의 젊은 층이나 대졸 이상의 고학력층이 많단다. 그렇다면 전화번호부를 표집틀로 사용할 경우 그 표본은 모집단 가운데 40대 이상, 저학력층, 주부 등 특정 계층만 대표하게 되는 거지. 그런데 이 계층은 전통적으로 여당 지지율이 높은 계층이었어. 그러니 여론조사가 실제 선거 결과와 크게 달라질 수밖에 없었지.

 여론 조사 기관 입장에서는 전 국민의 나이, 거주 지역,

전화번호가 전부 기록된 목록 같은 게 있다면 참 좋겠네요.

😐　　아무리 여론 조사가 중요하다고 해도 국민들의 사생활 보호만큼 중요하지는 않아. 그 목록이 보이스 피싱처럼 나쁜 일에 사용될 위험도 있고.

😐　　그럼 여론 조사 기관은 어떻게 표집틀을 뽑아요?

😐　　그래서 등장한 방법이 무작위 번호 생성법(RDD: random digit dial)이다. RDD방식의 여론 조사란 전화번호부에서 번호를 추출하는 것이 아니라 목표로 하는 숫자만큼의 표본이 모일 때까지 무작위로 전화번호를 생성하고 전화를 거는 방법이란다. 주로 컴퓨터 프로그램을 이용하여 무작위로 전화번호를 생성하는데, 집 전화번호와 휴대전화 번호를 적절히 섞어서 생성하지.

집 전화와 휴대전화의 비율은 여론 조사 기관마다 다른데, 어떤 기관은 7:3의 비율로 집 전화의 비율이 높고, 어떤 기관은 5:5의 비율로 똑같이 잡기도 해. 그런데 어떤 기준으로 이 비율을 정했냐고 물어보면 아마 자기들만의 노하우라며 안 가르쳐 줄 거다. 물론 이 경우에도 070으로 시작되는 인터넷 전화번호는 여전히 배제된다는 문제가 있지만, 숫자가 많지 않고 인터넷 전화 사용자가 휴대전화 번호로 표집될 수도 있기 때문에 큰 문제가 되지는 않아.

이렇게 RDD방식을 사용하면 전화번호부에 등재된 번호나 등재되지 않은 번호나 동등한 표집 확률을 가지게 되기 때문에 이론적으로는 모든 전화번호를 모집단으로 포괄할 수 있게 되지. 실제로 RDD방식을 사용하면서 전화번호부를 표집틀로 사용했을 때보다 표집오차가 크게 줄어들었단다.

하지만 이 방식 역시 치명적인 약점이 있는데, 이번에는 전화번호부를 사용할 때와 정반대되는 문제가 발생해. 전화번호부는 모집단에 턱없이 모자라는 표집틀이어서 문제였지만, RDD방식은 오히려 표집틀이 모집단보다 더 커서 문제가 된단다. 음, 한결이는 똑똑하니까 이게 무슨 말인지 알 수 있을 것 같은데?

👦 아, 무슨 말인지 알았어요. 예컨대 전화번호가 모두 8자리라고 하면 RDD방식은 무작위의 8자리 숫자를 생성해요. 그러니까 8자리 숫자로 조합 가능한 모든 숫자를 모집단으로 삼게 되지요. 하지만 실제 전화번호는 그보다 훨씬 적어요. 아무리 인구가 많아도 8자리로 조합할 수 있는 모든 숫자를 다 채울 정도는 아니죠. 그러니 RDD로 생성한 번호에 전화를 걸 경우 "이 번호는

없는 번호입니다."라는 응답을 아주 많이 듣게 될 거예요.

😐　어디 그뿐이겠니? 집 전화가 아니라 회사 전화나 ARS 안내전화일 수도 있고, 팩스 번호일 수도 있지. 이 경우 도대체 표집틀이 무엇인가라는 문제가 생긴다. 표집틀은 모집단의 구성원을 최대한 많이 포괄하는 목록이다. 그리고 안정된 목록을 가지고 표본을 추출해야 표본이 안정적으로 대표성을 가질 수 있지 않겠니? 그런데 RDD방식은 표집틀이라 할 수 있는 게 없다. 굳이 말하자면 조합 가능한 모든 전화번호가 표집틀인 셈인데, 이건 모집단의 구성원을 훨씬 넘어서는 범위다. 물론 표집틀이 포괄할 수 있는 범위가 지나치게 모자란 것보다는 어느 정도 넘치는 편이 낫기는 하겠지만 말이다. 에고고. 오늘은 여기까지.

○ ● ○ ● ○

한결이가 아쉬운 표정을 지었습니다.

"확률 표집을 해서 정말 제대로 된 서베이를 한번 해 보고 싶어요. 수학여행 어디로 갈래, 이런 거 말고 좀 더 멋있는 주제로요."

"좋아. 그럼 언제까지 그 멋있는 주제를 내가 확인할 수 있을까?"

"내일 와서 뵈어도 되죠?"

"물론이지."

그때 수업 시작을 알리는 종소리가 요란하게 울려 퍼졌습니다.

한결이가 화들짝 자리에서 일어났습니다.

"앗, 여기 이러고 있다가 조회도 못 들어갔어요. 그럼, 내일 뵙겠습니다."

# 어느 교육학자의
# 어처구니없는 연구 I

L박사는 평소에 고교 평준화 제도 폐지를 주장하여 교육계의 돈키호테라고 불렸습니다. 어느 날 L박사가 놀라운 조사 결과를 발표했습니다. 보고서의 요지는 "고교 평준화 실시 이전인 1953년부터 1974년까지보다 고교 평준화가 실시되었던 1975년부터 2006년 사이에 서울대학교 입학생 중 부유한 지역 출신의 비율이 더 높다. 따라서 고교 평준화가 실시되면서 부유한 지역과 다른 지역의 학업 격차가 더 심해졌다."라는 것이었죠.

이 보고서는 발표되자마자 엄청난 비판을 받았습니다. 서울대학교 입학생 숫자가 학업 성취도를 대표할 수 있느냐, '학업이 우수한 학생들'이라는 모집단과 서울대학교 학생들의 목록이 얼마나 일치하느냐, 말이 많았지요. 물론 학업이 우수한 학생들이 서울대학교에 많이 진학하지만, 그들은 우수한 학생 중 일부에 불과하니까요. 그런데 L박사가 사용한 표집틀이 서울대학교 학생 목록도 아니고, 서울대학교 사회과학대학 신입생 기록부라는 사실이 알려지자, 비판은 비난으로 바뀌었습니다. 서울대학교 학생기록부도 '학업이 우수한 학생'이라는 모집단을 대표할 수 있는 표집틀이 아닌데, 그 일부인 사회과학대학 신입생 기록부를 표집틀로 사용하고서는 '학업이 우수한 학생'이라는 말을 하다니요?

# 어느 교육학자의
# 어처구니없는 연구 2

고교 평준화에 대해 비판적인 L박사의 또 다른 논문이 발표되었습니다. 이 논문의 내용은 고교 평준화를 실시하는 지역과 비평준화 지역의 학생 1인당 사교육비를 비교한 것이었습니다. 논문에 따르면 고교 평준화를 실시한 지역의 학생 1인당 사교육비가 비평준화 지역보다 월등히 높았습니다. L박사는 기세등등하게 이렇게 단언했습니다.

"고교 평준화야말로 사교육비 증가의 원인이다. 평준화로 고등학교가 경쟁을 하지 않아 교육 수준이 떨어진 탓에 사교육비가 증가하는 것이다."

이때 C교수가 점잖게 한마디했습니다.

"그런데, 고교 평준화 지역은 대도시 지역이고, 박사께서 학교들을 표집한 비평준화 지역은 농어촌 지역이 많네요? 그렇다면, 대도시가 농어촌에 비해 사교육을 많이 한다고 말할 수도 있는 것 아닌가요?"

그 순간 기세등등했던 L박사는 딱딱하게 굳은 채 제대로 대답을 하지 못하고 얼버무렸습니다. 조사 전문가들은 L박사가 평준화, 비평준화 지역의 학교들을 골고루 확률 표집 하지 않고, 평준화 지역 중 사교육비 지출이 많을 지역, 비평준화 지역 중 사교육비 지출이 적을 지역을 미리 염두에 두고 임의표집한 것이 아닐까 의심하기 시작했습니다. 결국 이 논문은 두 번 다시 거론되지 않았습니다.

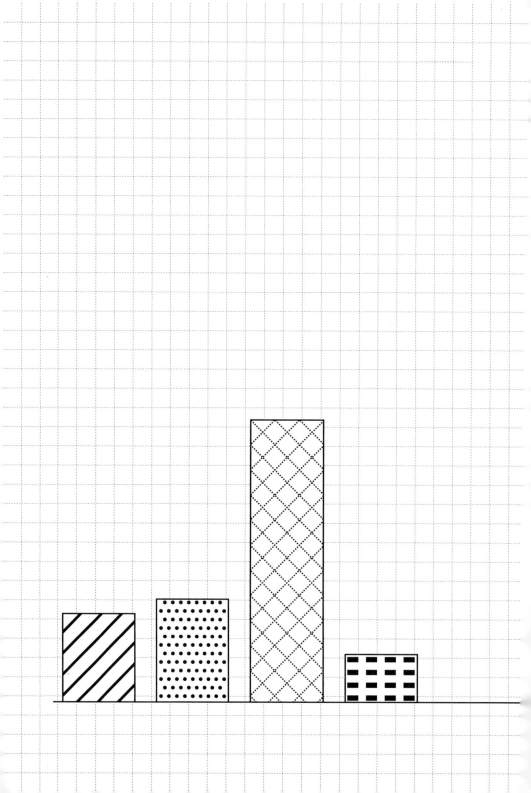

# 3
# 알고 싶은 것을
# 명확하게
# 규정하기

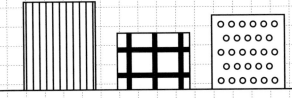

○ ● ○ ● ○

　한결이는 쏟아지는 졸음을 참으며 빠른 걸음으로 교문 안으로 들어갔습니다. 평소에는 눈 한 번 깜박하면 교문이 눈앞에 나타났는데 오늘은 교문까지 가는 길이 무척이나 멀게 느껴졌습니다. 한결이는 오늘 새벽 5시에 일어났습니다. 장진호 선생님이 7시면 출근하는 것을 알고 조회 시작하기 전에 최대한 많은 시간을 확보하려고 일찍 서둘렀던 거지요.

　아니나 다를까 교무실에는 벌써 불이 켜져 있었고, 장진호 선생님의 실루엣이 간유리창을 통해 조금씩 움직이는 모습이 보였습니다.

　"안녕하세요."

　"어, 오늘은 아주 일찍 왔구나?"

　"어제 조회 늦게 들어가서 담임 선생님한테 야단맞았거든요. 그래서 좀 먼저 왔어요. 혹시 제가 선생님 시간을 너무 빼앗는 건 아닌가요?"

　선생님이 손을 내저었습니다.

　"아니다. 네 덕분에 나도 오랜만에 다시 통계 공부를 하게 돼서 좋은걸.

참, 근사한 서베이 주제를 하나 갖고 오겠다고 했지? 그래, 찾았니?"

한결이가 자랑스럽게 말했습니다.

"네. 학생들의 성적에 영향을 주는 학교와 가정의 여러 가지 요인들에 대해 조사하고 싶어요. 그 요인들을 알게 되면 학생들의 학습 여건을 향상시킬 수 있으니까요."

한결이는 슬쩍 선생님의 반응을 살펴보았습니다. 선생님은 눈을 가늘게 뜨고 앞니로 혀를 가볍게 깨물고 있었어요. 뭔가 의문스럽거나 석연치 않을 때 선생님이 짓는 표정이었지요.

"저어, 주제가 마음에 들지 않나요?"

"음, 뭐랄까? 좀 너무 모호하다고 할까? 연구 문제를 좀 더 명확하게 정리했으면 좋겠다. 오늘은 이걸 배우기로 하자. 지금까지는 연구 주제를 세우고, 모집단을 설정하고, 모집단을 가장 넓게 포괄하는 표집틀을 찾아야 한다는 정도까지만 배웠지. 그야말로 기역, 니은까지만 배운 셈이야. 그런데 다시 생각해 보자. 사회 조사는 왜 하지? 뭘 알아보려는 거지?"

# 사회 조사는
# 뭘 알아보기 위한 것인가?

😑　우리가 뭔가 통계적으로 조사하려고 한다면 대개는 어떤 사회 집단이겠지. 물론 동물학자라면 개미들의 집단을, 천문학

자라면 별들의 집단을 조사할 수 있겠지만 우리가 접하는 통계 조사는 주로 선거 여론 조사나 각종 사회 통계니까.

결국 조사를 하는 이유는 어떤 집단이 가지고 있는 속성을 알아보려는 것이야. 그리고 집단의 속성을 알려면 그 집단을 이루는 개별 구성원들의 속성을 조사해야 하지.

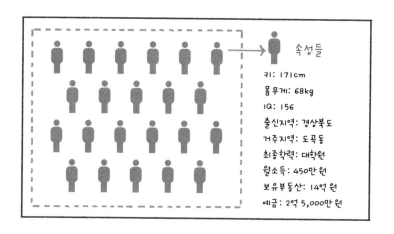

개별 구성원 하나하나를 통계 용어로는 '요소'라고 한다. 집합의 가장 기본적인 단위를 원소라고 부르는 건 초등학교 때 배웠지? 항상 수학 첫 단원이 집합과 원소였잖아? 그런데 통계학자들은 이걸 요소라는 말로 잘 부른다. 물론 어차피 영어로는 요소든 원소든 다 'element'니까 그게 그거지만 여기서는 요소라고 하자.

자, 그럼 여러 사회 집단들, 예를 들면 대한민국, H고등학교, 혹은 한결이네 가정 같은 사회 집단의 요소에는 어떤 공통점이 있을까? 집합 단원에서 배운 방식으로 설명해 보면?

🧑 그거야 각각의 사람들, 즉 개인들을 요소로 하고 있는 집합이라는 것이죠.

🧑 그래. 사회 집단은 각각의 사람들, 개인을 원소로 하는 집합이야. 그런데 사회 조사를 하는 사람들은 사회 집단을 개인들의 집합이라고 보지 않아. 오히려 여러 속성들의 집합이라고 보지. 이게 무슨 말이냐 하면, 우리가 어떤 사회 집단을 조사하기 위해 개인들을 면접이나 설문지 따위로 조사한다고 할 때, 우리의 관심은 그 사람 자체가 아니라 그 사람이 가지고 있는 여러 속성들에 있어. 그것도, 음 이게 결정적으로 중요한데, 그냥 속성이 아니라 '숫자로 표시할 수 있는 속성'이야. 이를테면 재산은 얼마이며, 정치적으로 어떤 정당을 지지하며, 취미는 무엇이며, 키는 얼마이며, IQ는 어느 정도인지, 혹은 한결이가 조사했던 것처럼 수학여행을 해외, 국내 중 어디로 가고 싶어 하는지 같은 것들 말이지.

그런데 한 사람은 정말 셀 수 없을 정도로 많은 속성들을 가지고 있어. 조사자는 그중 자신이 알고자 하는 사실과 관련된 속성에만 집중하면 돼. 예컨대 H고등학교 학생들의 비만 상태를 조사하고자 한다면 학생들의 키와 몸무게가 중요하지, 이름이나 주소는 중요하지 않을 거야. 조사자에게 H고등학교는 학생들의 집합이 아니라 1,500개의 키와 몸무게의 집합일 뿐이야. 또 H고등학교 학생들의 빈부 차에 대해 알고 싶어 하는 조사자라면 학생 가정의 월 소득, 거주하는 집의 크기, 학생 가정의 자산 총액 등에 대해 관심을 가지고 그 속성들만 측정하겠지.

그런데 이 속성들 가운데 측정 가능하며 어떤 공통점을 가지고 하나의 개념을 이룰 수 있는 것을 따로 일컬어 변인이라고 한다. 예컨대 171cm, 168cm, 185cm…… 이런 속성들의 집합이 있을 때는 '키'라는 변인이라고 부르며 58kg, 66kg 같은 속성들의 집합은 '몸무게'라는 변인으로, 진보 정당 지지, 보수 정당 지지, 지지 정당 없음 같은 속성들의 집합은 '정치 성향'이라는 변인으로 부를 수 있다. 결론은 사회 조사란 사회 집단의 요소들이 여러 변인별로 어떤 속성을 가지고 있는지 측정하는 것이다.

개념이 동일하고 측정할 수 있으면 다 변인이 되나요? 말할 때 튀는 침의 양은 어때요?

👤 (추릅) 침 좀 닦고 얘기하마. 예컨대 내가 1시간 동안 말할 때 흘리는 침의 양이 10cc, 한결이는 5cc라고 하자. 침의 양이 변인이 될 수 있느냐는 침의 양에 따라 나와 한결이의 어떤 차이를 설명할 수 있느냐에 달려 있어. 지금으로선 별 의미가 없는 것 같구나. 그럼 이런 변인을 세울 이유가 없지. 하지만 말할 때 튀는 침 양이 많을수록 건강하다는 주장을 확인하려고 한다면 이때는 변인이 되겠지.

또 피부색이 진한 정도에 따라 0에서 10까지 나눴을 때 나는 4 정도 되고, 한결이는 3.7 정도 된다고 하자. 그럼 '피부 명도'라는 변인이 성립된다고 할 수 있겠지. 우리나라에서는 이걸 변인으로 삼아 사회 조사를 할 가능성이 없지만 미국이라면 이러한 변인을 설정해서 실제로 측정할지도 모르겠다.

이제 한결이가 오늘 가져온 주제에 어떤 문제가 있었는지 알겠니?

👤 제가 오늘 새로 가져온 연구 문제도 먼저 알고자 하는 것을 명확하게 측정 가능한 변인으로 만들었어야 했어요. 우리 학교 학생들의 학업에 영향을 주는 학교와 가정의 환경 요인을 알아보고 싶다면, 학업이라는 변인은 학업 성취도로, 그리고 가정 환경 요

인은 가정의 소득, 부모의 별거 여부, 부모와의 대화 시간, 부모의 칭찬 빈도 등으로 나타내고 학교 환경 요인은 학생들의 교사와의 친밀 정도, 교사에 대한 신뢰, 학교에 대한 만족도, 이런 식으로요.

## 변인의 속성이 바뀌면 어떻게 될까?

그래. 제대로 이해했구나. 그럼 여기서 한 발 더 나가 보자. 변인은 수치로 측정 가능하며, 그 속성의 차이를 통해 한 개인을 다른 개인과 구별할 수 있게 하는 것이라고 했다. 그런데 사람은 변하지 않겠니? 예를 들면 수학여행 해외/국내 선호도에서 해외를 선호하는 속성을 가졌던 학생이 설득을 당해서 국내를 선호하게 되었다면 뭐가 달라질까?

그럼 해외로 수학여행을 가지 않아도 불만이 없겠죠. 교장 선생님이 해외 수학여행을 가지 않겠다고 발표했을 때는 길길이 뛰었겠지만 마음이 바뀐 뒤에는 교장 선생님에 대한 원망이나 학교에 대한 불만이 사그라졌을 거예요. 수학여행으로 어디를 선호하는지도 변인이고 학교에 불만을 가지고 있는지도 변인이 될 수 있어요.

😊  좋아. 그럼, 이제 두 변인을 서로 관계 지어서 명제로 진술해 보렴.

😊  수학여행으로 해외를 선호하는 학생은 국내를 선호하는 학생보다 학교에 대해 불만이 더 클 것이다. 이러면 되겠네요? 아, 그러니까 수학여행 선호 지역이라는 변인이 학교에 대한 불만이라는 변인에게 영향을 주는 것이네요? 수학여행으로 국내/해외 어디를 선호하느냐에 따라 학교에 대한 불만이 작거나 커지니까요.

😊  그래. 제대로 보았다. 이렇게 사회 조사를 할 때는 조사 대상을 변인과 변인의 관계로 설명한 뒤, 각 변인을 측정해서 실제로 그러한지 검증한단다. 이때 변인과 변인의 관계로 서술되는 명제들은 "x값이 ~하게 변하면, y값은 ~하게 변한다." 이런 형식이지. 조사 대상이 되는 집단의 어떤 현상을 이렇게 변인과 변인의 관계로 설명하면서 비로소 조사의 틀이 잡힌다고 할 수 있단다.

음. 제가 한번 그런 명제들을 만들어 볼게요.

1  가정의 소득 수준이 높을수록 학생들의 학업 성취도가 높을
   것이다.
2  가정이 화목할수록 학생들의 학업 성취도가 높을 것이다.
3  학생들의 자신감이 높을수록 학업 성취도가 높을 것이다.
4  학생들이 교사와의 친밀감이 높을수록 학업 성취도가 높을
   것이다.

와, 이런 식으로 만들면 되는 거네요. 확실히 이렇게 변인과 변
인의 관계로 진술하니까 무엇을 조사해야 하는지가 아주 선명하
게 드러나요. 결국 '가정의 소득 수준, 가정의 화목도, 학생의 자신
감, 교사와의 친밀감'에 따라 '학업 성취도'는 어떻게 달라지는가?
이렇게 정리돼요.

음, 이건 그러니까 일종의 함수네요.

$$f(x)=Y$$

가정의 소득 수준, 가정의 화목, 학생의 자신감, 교사와의 친밀

감은 X에 해당되고, 학업 성취도는 Y에 해당된다고 할 수 있어요.

🙂 그래. 적절한 비유구나. 사회 조사에서는 X에 해당하는 것을 독립 변인이라고 부른단다. 그리고 Y는 X가 변하면 따라 변하기 때문에 종속 변인이라고 부르지. 이렇게 어떤 현상을 독립 변인과 종속 변인의 관계로 설명할 수 있으면 인과관계가 있다고 말할 수 있어. 그 현상을 독립 변인을 원인으로 하는 결과로 설명할 수 있게 되거든.

🙂 그럼 수학여행지 선호도 조사를 할 때도 국내/해외 수학여행 중 어느 쪽을 더 선호할지 예측할 수 있게 해 줄 만한 독립 변인들도 같이 물어보는 게 좋겠어요.

🙂 그래. 지지하는 시장 후보를 물어보는 여론 조사에서도 이것만 조사하는 경우는 드물고, 응답자가 어떤 후보를 지지하는지 예측할 수 있게 해 주리라 기대되는 독립 변인들도 같이 물어보는 것이 일반적이란다.

선거 여론 조사 기사를 보면서 누가 얼마나 앞서고 뒤지는지만 나오는 게 아니라 연령별, 직업별, 지역별 지지율을 자세하게 분석하는 이유도 그래서란다. 연령, 직업, 거주 지역 같은 독립 변인들이 특정 후보에 대한 지지율, 즉 종속 변인에 어떤 영향을 주는지 알아볼 수 있으니까. 선거 운동 하는 사람들에게는 굉장히 중요한 정보지. 어떤 속성을 가진 유권자가 자기 쪽 후보를 지지할 가능성이 더 큰지 예측할 수 있으니, 앞으로 선거 운동을 어떻게 할지 계획을 체계적으로 세울 수 있으니까 말이다.

음, 국내/해외 수학여행 희망 조사도 학년, 거주 지역, 성별, 소득 수준, 성적 같은 독립 변인들을 넣어서 실시하면 좋을 거 같아요. 어떤 속성을 가진 학생들이 국내 수학여행을 희망하는지 알게 되면 그 학생들을 공략해서 해외 수학여행 쪽으로 마음을 돌리도록 할 수 있잖아요.

와, 이거 재미있는걸요? 갑자기 세상의 모든 것들이 $f(x)=Y$로 보이기 시작해요. 뭐든지 측정하고 싶어요. 그래서 세상 모든 일을 $f(x)=Y$로 설명하고 싶어요. 이를 테면 "지하철에서 다리를 쩍 벌릴수록 가난해질 가능성이 크다."라는 명제를 세우고, 지하철 승객들 다리 벌린 정도를 측정한 다음 그 사람들의 소득 수준을 알아내서 증명하는 거예요. "그럼 다리를 쩍 벌리는 것은 나쁜 매너입니다."가 아니라 "부자 되고 싶으세요, 그럼 다리를 오므리세요." 이렇게 홍보할 수도 있고요. 그럼 아마 쩍벌남은 다 사라질걸요?

# 통계적으로 인과관계가 증명되면 믿어야 할까?

🙁　아이쿠. 너무 많이 나갔구나. 그런 식으로 섣불리 인과관계를 추론하고, 그걸 통계적인 방법으로 정당화하면 안 된단다. 실제로 정당하지 않은 정치권력들이 통계를 이용해서 엉뚱한 인과관계를 정당화한 사례가 많이 있단다. 가장 대표적인 것이 통계적인 방법으로 인종차별을 정당화한 경우지.

1960년대 미국에서 있었던 일인데, 인종을 독립 변인으로 넣고 IQ 검사 결과를 종속 변인으로 했더니 피부 색깔이 하얀색에 가까울수록 IQ가 높다는 결과가 나왔다. 통계적으로는 정확했고, 표본 선정 과정에서도 문제가 없었다. 자, 그렇다면 이걸 이용하여 백인은 두뇌가 우월하고 흑인은 두뇌가 열등하므로 기업이나 공직에서 인종에 따라 직급에 차이를 두는 것은 인종차별 때문이 아니라 자연적인 능력 차이 때문이라고 주장하는 것이 과연 타당할까?

🙂　아뇨, 그건 말이 안 되는 주장이에요. 제가 알기로는 IQ 검사 문제에는 중산층 이상의 생활을 하는 사람들에게 익숙한 내

용과 단어들이 많이 나온다고 했어요. 그러니까 흑인들이 머리가 나빠서가 아니라 가난한 집 아이들이 경험하지 못하거나 들어 보지 못한 것들이 문제에 많이 출제된 것이죠. 그러니 진짜 문제는 인종이 아니라 가난인 셈이에요.

그런데 실제로는 그렇다고 주장하면서 인종차별을 '과학적으로' 정당화할 수 있다는 주장들이 있었단다. 이런 논리가 좀 더 심하게 나가면 이렇게 된다. 인종을 독립 변인으로 넣고, 교도소 수감을 종속 변인으로 넣으면 어떻게 될까? 통계적으로는 백인이냐 흑인이냐가 그 사람이 교도소에 수감될 가능성을 예측할 수 있는 변인임이 증명된다. 하지만 그렇다고 해서 흑인은 원래 백인보다 도덕성이 낮고, 범죄 성향이 높다는 편견이 정당화될 수 있을까? 그래서 피부색만으로 그 사람의 지성과 도덕성을 미리 판단해 버리는 것이 정당화될 수 있을까?

아니요. 그럴 수 없어요. 흑인들은 백인들에 비해 일자리를 얻을 기회도 적고, 또 물려받은 재산도 적어요. 처음부터 가난하게 태어났을 가능성도 크고요. 그렇게 차별을 받았기 때문에 범죄자가 된 거예요.

흑인들은 여러 사회 구조적 이유 때문에 가난한 경우가 많아요. 그래서 백인들보다 지능이 떨어지고 범죄율이 높은 것처럼 보이는 결과가 나왔던 거예요.

그렇지! 바로, 그거다. 이렇게 통계를 어떻게 해석하느냐, 어떻게 인과관계를 추론하느냐에 따라 정치적으로 전혀 엉뚱한 결론을 만들어 낼 수 있단다. 그러니 통계를 남용하여 성급한 인과론을 주장하는 사람들은 정치적으로 의심할 필요가 있단다.

그런데 방금 너는 IQ 점수의 차이와 범죄율의 차이를 설명할 수 있는 변인으로 피부색이 아닌 다른 변인, 그러니까 빈곤을 들었어. 피부색이 다른 변인에 영향을 주고, 그 다른 변인이 IQ나 범죄율에 영향을 준다고 설명했지. 자, 너의 주장을 변인과 변인의 관계로 좀 더 체계적으로 정리해 주지 않겠니?

그럼 이렇게 돼요. 우선 IQ 문제의 경우,

1 흑인은 빈곤층이 될 가능성이 높다.
2 IQ 문제는 중산층 이상의 생활 수준을 누리는 사람에게 익숙한 내용이 많이 나오기 때문에 빈곤층 자녀들은 IQ 문제에 대한 적응 정도가 낮다.

3　흑인 학생들의 IQ 점수가 낮다.


범죄율의 경우,

1　흑인은 빈곤층이 될 가능성이 높다.

2　빈곤층의 범죄율이 더 높다.

3　흑인의 범죄율이 높다.


이렇게 되면 X, Y만으로는 설명하기 어려워요. 빈곤이라는 변인이 하나 더 추가되었으니까요. 여기에 Z를 추가해야겠어요.


$$X{\rightarrow}Y{\rightarrow}Z$$


X는 피부색, Y는 빈곤, 그리고 Z는 IQ 점수와 범죄율이에요.


😶　　그래. 이렇게 우리가 살아가는 세상은 복잡하단다. 그렇기 때문에 눈앞에 보이는 것들만 가지고 섣불리 어떤 현상을 설명하려 하면 안 된단다. 특히 통계적인 방법을 사용할 경우 사람들은 그것을 과학적이라고 쉽게 믿기 때문에 더욱 위험하다. 이렇게 통계적으로는 증명이 되지만 실제 진실을 왜곡하는 사례는 무

수히 많이 있단다. 사회 조사에 종사하는 사람들이 흔히 소방차의 오류라고 부르는 것도 그렇단다.

$$X \longrightarrow Y$$

(X: 소방차 출동 횟수 Y: 화재 발생 횟수)

이렇게 변인 간의 관계를 설정해 놓고 통계적으로 검증하면 실제로 소방차 출동 횟수와 화재 발생 횟수 간에는 밀접한 관계가 있는 것으로 나올 것이다. 하지만 그렇다고 해서 이 통계 조사 결과를 근거로 화재를 줄이기 위해 소방차 출동 횟수를 줄이라고 말한다면 이건 누가 봐도 웃을 일 아니겠니.

🧑 그러게요. 이건 독립 변인과 종속 변인의 순서가 바뀐 거잖아요? 화재가 많이 발생하면 소방차 출동 횟수가 늘어나는 건데. 그것 참. 어떤 것이 독립 변인이 되고, 어떤 것이 종속 변인이 되는지 결정하는 법칙 같은 것은 없나요?

🧑 글쎄다? 그걸 정확하게 결정해 주는 수학 법칙 같은 것은 없단다. 수학은 눈이 없단다. 변인과 변인의 수치들의 관계만

볼 뿐, 그 변인들이 무엇이며 어떤 내용의 것들인지는 보지 못해. 그걸 보는 것은 어디까지나 생각하는 사람의 영역이란다. 자, 또 이런 경우는 어떠냐?

$$X \rightarrow Y$$

(X: 부모의 고급 백화점 쇼핑 횟수 Y: 자녀의 학업 성취도)

이것도 수치를 집어넣고 통계를 돌리면 실제 인과관계가 있는 것으로 검증된단다. 그럼 통계적으로 검증되었기 때문에 학교에서 학부모들에게 자녀의 학업 성취도를 높이기 위해 고급 백화점에서 쇼핑을 더 많이 하라고 권장한다면 얼마나 우스운 꼴이겠냐?

🧑 그러게요. 제 생각은 이래요. 부모가 고급 백화점에서 쇼핑을 많이 하는 것은 소득이 많다는 뜻이잖아요. 그러니까 쇼핑을 많이 하는 것 자체가 자녀의 학업 성취도에 영향을 준다기보다는 부모의 소득이 학업 성취도에 영향을 미치는 게 아닐까요?

선생님이 의자에 몸을 기대며 탄성을 질렀습니다.

"야, 한결이가 며칠 사이에 실력이 부쩍 늘었는걸?"

이제 오늘 수업을 마칠 때가 되었나 봅니다. 한결이는 이제 사회 조사와 통계에 발을 푹 담근 듯한 느낌이 들었습니다.

한결이가 오늘 느낀 점을 정리했습니다.

"선생님 덕분에 많은 교훈을 얻었어요. 우리가 어떤 사회 집단에 대해 서베이를 실시한다는 것은 어떤 현상을 수치로 측정 가능한 변인과 변인의 관계로 설명하고 이것을 통계적으로 검증한다는 뜻이에요. 그리고 변인을 어떻게 설정할 것인지, 변인과 변인의 관계를 어떻게 해석할지까지는 통계적으로 결정해 주지는 않는다는 것을 알았어요. 그건 결국 사람의 영역이에요. 그래서 통계는 분명 유용한 도구이긴 하지만 합리적이고 신중한 해석 없이 무작정 믿었다가는 도구가 아니라 흉기가 될 수도 있어요."

# 내 수업의 효과다!
## ...... 아닌가?

1960년대 미국은 여전히 인종차별이 많이 남아 있었던 때입니다. 백인 학교의 한 선생님은 미국에서 인종차별에 반대하고 인종 평등 의식을 고취시키는 프로그램을 개발하여 열심히 수업을 했습니다. 그런데도 학생들의 인종 평등에 대한 의식은 크게 달라지지 않았습니다.

그러기를 1여 년, 큰 기대를 하지 않고 학생들의 인종 평등 의식에 대해 조사한 선생님은 깜짝 놀랐습니다. 1년 사이에 학생들의 인종 평등 의식이 몰라보게 향상되었던 것입니다. 그러자 선생님은 자신이 개발한 프로그램의 효과를 널리 홍보했고, 여러 백인 학교에서 이 프로그램을 실시하였습니다. 그런데 이상하게도 다른 학교에서는 이 프로그램이 별 효과를 보지 못했습니다.

연구자들은 이 프로그램이 유독 A학교에서만 효과가 있었던 이유를 조사했고, 마침내 A학교에서 이 프로그램이 운영되던 시기에 마틴 루터 킹 목사가 암살당했음을 알아내었습니다. 즉 당시 학생들의 인종 평등 의식이 놀랄 정도로 향상된 이유는 프로그램 때문이 아니라 킹 목사에 대한 사회적 관심이 높아졌기 때문이었던 거지요.

# 이 약의 효과다!
## ...... 아닌가?

새로운 치료법이 개발되면 동물 실험에 이어 실제 환자들을 대상으로 임상 실험을 실시해서 그 효과를 입증해야 합니다. 의학자들은 이를 위해 환자들을 두 집단으로 나누고, 한 집단에는 새로 개발된 치료법을 적용하고 다른 집단에는 기존 치료법을 적용합니다. 치료법 외에 두 집단 사이에는 차이가 없어야 합니다. 그래서 나중에 치료 효과에 차이가 나면 그 효과는 새로운 치료법의 효과로 인정되는 것입니다.

그런데 새로운 치료법이 적용될 것을 아는 환자들은 치료에 더 적극적이며 회복되리라는 희망을 강하게 품고, 실제로 이 마음가짐이 치료에 영향을 줍니다. 반면 기존 치료법이 적용되는 환자들은 의욕이 떨어져서 치료율이 낮아질 수 있습니다. 그래서 이런 실험에서는 새로운 치료법이 적용되는 환자도, 기존 치료법이 적용되는 환자도 자신이 어떤 치료를 받는지 모르게 하거나, 모두 새로운 치료법을 사용하고 있다고 알려 줍니다. 이를 두 집단을 모두 속였기 때문에 흔히 더블 블라인드라고 합니다.

의학 실험은 대체로 엄격하게 이 원칙을 지키지만 각종 광고에 나오는 건강보조식품은 그렇지 않습니다. 실제로 효과가 없는데도 건강보조식품을 섭취하고 있다는 사실 자체가 건강에 유익한 영향을 줄 수도 있지요. 약에 효과가 없는데도 효과가 나타난다고 하여 위약 효과, 혹은 후광(플라시보)효과라고 합니다.

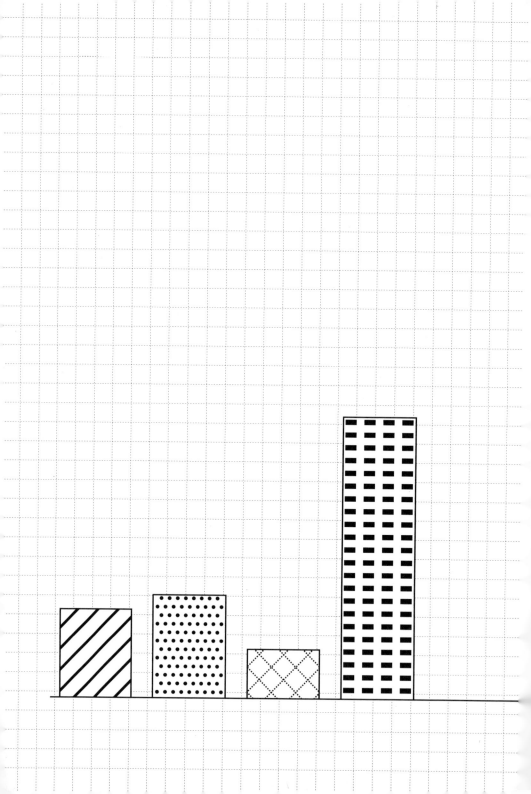

# 4
# 변인을 측정할
# 도구 만들기

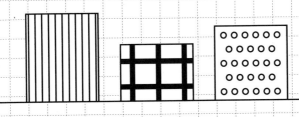

○ ● ○ ● ○

"이 정도면 충분할까?"

한결이가 물어보자, 수민이가 고개를 갸웃거리면서 손에 들고 있는 종이를 흔들었습니다.

"글쎄."

"물어볼 내용은 다 들어 있잖아?"

"다시 한 번 잘 봐."

수민이가 손에 들고 있던 종이를 책상 위에 펼쳐 보였습니다.

한결이가 뾰로통한 표정으로 대꾸했습니다.

"글쎄? 난 이 정도면 충분한 것 같은데? 우리가 조사하고자 하는 변인들은 다 들어가 있잖아. 내가, 아니, 우리가 조사하고 싶었던 것은 이거였잖아."

1. 귀하의 성별은?
   ①남  ②여


2. 귀하의 학년은?
   ①1학년  ②2학년  ③3학년


3. 귀하의 학업 성적은? 지난 시험 평균 점수를 쓰세요.
   평균 (          )점


4. 귀하 가정의 월 소득은 얼마입니까?
   (부모님의 소득을 모두 합하세요.)
   월 평균 (          )원


5. 귀하는 부모님과 사이가 좋은 편입니까?
   ①그렇다  ②아니다


6. 귀하는 선생님과 사이가 좋은 편입니까?
   ①그렇다  ②아니다

한결이가 공책에 다음과 같은 공식을 적었습니다.

$$X \rightarrow Y$$

(X: 성별, 학년, 월소득, 부모와의 관계, 교사와의 관계, 자신감

Y: 학업 성적)

수민이가 고개를 절레절레 흔들었습니다.

"네가 세운 방정식은 그런대로 괜찮은데, 저 질문들이 영 아닌 것 같아. 아까도 말했지만 허접해. 생각해 봐. 우리 인성검사 같은 거 할 때 설문지 받아 봤잖아? 그런데 내 기억에는 이렇게 간단하지 않았던 것 같아. 너 분명히 이건 앙케이트 조사 따위가 아니라고 큰소리쳤잖아? 그런데 막상 결과는 마찬가지 같은데?"

"그래?"

그다음에는 무슨 이야기를 나누었는지 기억나지 않습니다. 수민이랑 사이가 나빠지는 게 싫어서 아무 대꾸도 하지 않았지만 한결이는 몹시 화가 났습니다. 의기양양하게 수민이한테 맨 먼저 보여 주었는데, 예상했던 반응이 아니었거든요.

한결이 혼자 텅 빈 자율 학습실에서 설문지를 뚫어지게 쳐다보고 있었습니다.

"여어, 웬일이냐? 이렇게 맥 빠진 모습을 하고서?"

장진호 선생님의 목소리였습니다.

"아, 아니에요."

한결이는 설문지를 마구 구겨 가방에 밀어 넣으며 자리에서 일어났습

니다.

"허허. 녀석. 감춰도 소용없다. 이미 다 보았으니까. 설문지가 마음대로 만들어지지 않아서 속상한 거지?"

한결이가 고개를 가로저었습니다.

"아뇨. 저는 이만하면 충분한 것 같은데 수민이가 너무 뭐라 그래서 억울해서 그래요."

"원래 수민이가 아닌 건 아주 사정없이 아니라고 하잖니? 그래서 네가 수민이를 좋아하는 걸로 알고 있는데?"

"아이, 그런 사이 아니에요."

한결이가 손을 내젓다가 아까 구겨 넣었던 설문지를 다시 꺼내 선생님에게 내밀었습니다.

"기왕 이렇게 된 거, 한번 봐 주세요. 전 나름 잘 만들었다고 생각하는데, 뭐가 문제인지."

"그래. 어디 한번 보자."

선생님이 구겨진 설문지를 받아, 조심스럽게 펼쳐서 읽기 시작했습니다. 사실 문항이 몇 개 안 되어서 읽고 말고 할 것도 없었습니다. 금세 선생님이 한결이에게 설문지를 돌려주었습니다.

"수민이가 제대로 봤네."

"네?"

"내 생각에도 이 설문지 가지고 제대로 된 조사가 이루어질 것 같지는 않구나."

"휴우. 선생님까지 그렇게 생각하신다면 형편없는 거겠죠."

풀이 죽은 한결이를 딱하게 바라보던 선생님이 자율 학습실 불을 탁 하고 켰습니다. 형광등이 몇 번 깜박이다가 어둑어둑하던 교실을 환하게 밝혔습니다.

"자, 예정에 없었던 보충수업을 해야겠구나."

"네?"

"기왕 이렇게 된 거, 제대로 한번 설문지를 만들어 봐야 할 것 아니냐?"

"정말요?"


# 어떻게 변인을 측정해야 할까?

🧑 자, 지난번에 변인이란 측정 가능한 속성들의 집합이라고 하였다. 변인을 설정했다면 그걸 측정할 수 있는 도구가 있어야 하겠지? 예를 들면 '키'라고 하는 변인을 알아보려면 실제 구성원들의 '키'를 측정할 수 있는 '신장계'가 필요하고, '몸무게'라고 하는 변인을 알아보려면 '체중계'가 필요하지. 그런데 만약 혈압계를 가지고 체중을 측정한다거나, 시력 검사판으로 키를 측정하려 든다면 어떻게 될까?

어떻게 되고 말고 할 것도 없죠. 측정 자체가 성립되지 않아요. 설사 어떤 결과가 나온다 하더라도 아무 의미 없고요.

그렇지. 측정 도구에서 중요한 것은 측정하는 도구가 측정해야 할 것을 측정하느냐다. 이걸 측정 도구의 타당도(validity)라고 한다. 신장계는 키를 측정할 때 타당한 도구고, 체중계는 몸무게를 측정할 때 타당한 도구지.

그런데 이런 경우는 또 어떠냐? 처음 쟀을 때는 키가 173cm가 나왔고, 같은 사람을 같은 도구로 측정해서 두 번째 재었을 때는 181cm, 세 번째 재었을 때는 163cm가 나왔다면?

그런 도구를 어떻게 믿고 써요? 잴 때마다 결과가 다르게 나오는데?

그래. 그런 측정 도구는 믿을 수가 없지. 따라서 측정 도구는 여러 번 반복하여 측정하더라도 같은 결과가 나와야 한다. 그래야 믿을 수 있지. 이걸 신뢰도(reliability)라고 한다. 이렇게 조사에 사용하는 측정 도구는 반드시 타당도와 신뢰도가 있어야 한다. 이걸 이렇게 정리해 볼 수 있지.

타당도: 이 도구는 재어야 할 것을 재는가?

신뢰도: 이 도구는 오차 없이 제대로 재는가?


그런데 선생님, 저울이나 온도계 같은 거는 과학 실험할 때 사용하는 측정 도구잖아요. 하지만 이건 설문 조사라고요.


네가 만든 설문지도 측정 도구라는 점에서는 마찬가지란다. 예를 들어 보자. 갑돌이와 갑순이는 서로 사귀는 사이인데, 서로 자기가 상대보다 더 많이 사랑하고 있다고 생각하는 거야. 그래서 갑순이는 갑돌이한테 "너는 내가 널 사랑하는 만큼 날 사랑하지 않아."라고 비난했고 갑돌이도 "내가 너보다는 더 많이 사랑하고 있을걸." 하고 대꾸했지. 기나긴 말다툼 끝에 갑순이가 말했어. "네가 나보다 더 많이 사랑한다고? 어디 증명해 봐." 이렇게 말이야.

자, 그럼 두 사람 가운데 누가 더 상대를 사랑하는지 측정할 수 있을까? 머릿속에다 애정 센서를 삽입할까? 아니면 이마에 갖다 대면 바늘이 좌우로 움직이면서 이 사람이 상대를 얼마나 사랑하는지 표시하는 기계를 사용할까?

🧑 세상에 그런 기계는 존재하지 않잖아요. 설사 만드는 게 가능하더라도 있어서는 안 되고요. 만약 그런 기계가 있다면 사생활의 비밀과 자유는 완전히 유린될 거예요. 그건 자유민주주의가 아니죠.

🧑 한결이 똑똑하네. 그래서 이때 필요한 측정 도구가 설문지란다. 설문지는 조사 대상인 사람들의 생각을 측정하기 위한 도구인 셈이지. 사람들의 생각은 기계로 직접 측정할 수 없기 때문에 질문을 던지고 그 응답 유형에 일정한 수치를 부여해서 생각을 측정하는 거란다. 따라서 이때 사용하는 질문을 아무렇게나 만들어서는 안 된다.

🧑 그런데 질문을 어떻게 하죠? 이거 정말 어렵네요. '당신은 갑돌(갑순)이를 얼마나 사랑하십니까?' 이렇게 물어보고 10점 만점에 몇 점인지 쓰게 할까요? 하지만 이래서는 갑돌이 갑순이 다툼이 끝날 것 같지 않네요. 저마다 10점이라고 응답할 테니까요.

# 설문지로 어떻게 객관적인 증거를 얻어 낼 수 있을까?

🧑 아니, 질문지로 객관적인 증거를 얻는 것이 가능하긴 한가요? 어차피 응답자의 주관적인 생각이잖아요? 예컨대 설문지를 가지고 어떤 사람의 범죄 가능성, 자살 가능성, 이런 걸 알아낼 수 있을까요? 전부 자신은 그럴 가능성이 없다고 응답할 테고, 그럼 그걸로 끝이잖아요? 그렇다고 머릿속 생각을 당사자 대답이 아니고서는 알아낼 방법이 있는 것도 아니고.

🧑 응답자의 응답에 의존하면서도 응답자의 주관이 아닌 객관적인 속성을 알아내기란 정말 어렵단다. 그래서 설문지를 만들기 전에 먼저 치밀한 연구가 필요한 법이지. 전문가들은 '전형적인 응답'이 가능한 질문들을 개발하고 그것을 모아서 하나의 측정 도구로 만든단다.

가령 어떤 사람을 사랑하는지, 그리고 어느 정도 사랑하는지 알고 싶다고 하자. 그런데 직접 물어보면 주관적으로 왜곡된 응답을 들을 가능성이 크다. 사람들은 대체로 자기는 많이 사랑하는데 상대방은 그런 것 같지 않다고 생각하기 쉬우니까. 그렇다면 어떻게 해야 할까?

얼마나 사랑하는지 직접 묻는 대신, 사랑할 때 나타나기 쉬운 행동이나 반응이 무엇인지 철저히 연구하는 거야. 예를 들면 누군가를 오랫동안 주시하는지 알아보는 거지. 사랑에 빠진 사람은 그렇지 않은 사람보다 상대를 분명 더 오랫동안 주시할 테니까 말이다. 몇 개 더 예를 들어 볼까?

어떤 이성을 사랑하는 사람의 전형적인 행동이나 반응

상대방을 응시하는 경우가 많다. / 상대방과 대화하는 시간이 지루하지 않다. / 상대방과 대화하거나 무엇인가 할 때 다른 사람보다 더 가까운 거리에서 한다. / 상대방이 사용하는 물건에 관심을 가진다. / 상대방이 다른 이성과 이야기하면 신경이 쓰인다. / 상대방 때문에 시간을 쓰게 되더라도 아깝게 느끼지 않는다. / 상대방과 신체의 일부가 닿아도 어색하지 않다. / 상대방과 단 둘만 있는 시간을 바란다. / 상대방과의 신체 접촉이 즐겁게 느껴진다.

이런 식으로 누군가를 사랑할 경우 나타나는 전형적인 행동이나 반응들을 물어보는 거야. 제대로 하려면 연애심리학 관련 논문을 많이 찾아봐야 하겠지만, 대충 이런 것들이 있다고 하자. 이제 서로를 얼마나 사랑하느냐고 대놓고 물어보는 대신 상대 앞에서 이런 반응이나 행동을 얼마나 자주 보이는지 관찰하거나 물어보는 쪽이 훨씬 정확할 것이다. 물론 이런 행동이나 반응 때문에 사랑하는 마음이 일어나는 것은 아니겠지만, 이런 행동이나 반응이 많이 관측된다면 사랑하는 마음이 있는 것이라고 추론할 수는 있을 테니 말이다.

마치 시의 한 부분 같네요. 시인이 누군지는 기억이 잘 안 나는데, 이런 대목이요. 내 사랑을 보여 줄 수는 없으나, 내 눈빛이 흔들리거든 사랑하는 줄 알아라.

하하. 이렇게 조사 대상의 속성 그 자체는 아니지만 그 속성을 확인할 수 있게 드러나는 현상들이 있는데, 이런 것들을 '지표'라고 한다. 그리고 대부분의 측정 도구는 측정하려는 현상을 직접 재는 것이 아니라 이 지표를 측정한다.

온도계를 예로 들어 보자. 우리가 온도계에서 확인하는 것은 빨간 수은 막대의 오르내림이다. 하지만 우리는 수은 막대의 길이 변화를 통해 기온의 변화도 알아낼 수 있다. 수은 막대의 길이 때문에 기온이 바뀌는 것은 아니지만, 기온이 올라가거나 내려가면 그 막대의 길이는 반드시 늘어나거나 줄어든다. 혹은 지표는 '고래 분수' 같은 것이라고 말할 수도 있다. 고래 분수는 고래가 뿜는 물기둥이다. 고래를 관측하는 사람들은 고래가 전혀 보이지 않더라도 물기둥 세 개가 관측되면 적어도 세 마리 이상의 고래가 있다고 확신한다. 물기둥은 고래의 지표인 셈이다.

따라서 우리는 조사 대상이 되는 사람의 속성을 알아내기 위해서는 그런 속성을 가진 사람이 보여 주는 전형적인 행동이나 반응을 수집하여 지표를 구성하여야 한다. 이러한 지표들로 설문지의 문항이 이루어진단다.

이제 알겠어요. 설문지를 만들기 전에 먼저 어떤 변인을 측정하려는지 분명하게 하고, 다음으로는 그 변인의 변화를 관측할 수 있게 하는 지표가 무엇인지 충실하게 조사하고, 마지막으로 그 지표를 확인할 수 있는 질문들을 만들어야 하는군요.

그래. 그렇다면 아까 말했던 상대방을 사랑할 때의 행동이나 반응을 지표로 삼아, 사랑을 측정하기 위한 설문지를 이렇게 만들어 볼 수 있지 않을까?

1. 특별한 이유 없이 갑순이를 응시하는 경우가 있습니까?
   ①그렇다   ②아니다

2. 갑순이와 이야기하는 시간이 지루하다고 느껴지지 않습니까?
   ①그렇다   ②아니다

3. 갑순이와 이야기하거나 어떤 일을 같이 할 때 30cm보다 더 가까이 접근해서 하는 편입니까?
   ①그렇다   ②아니다

4. 갑순이가 사용하는 물건과 같은 종류의 물건을 알아보는 편입니까?
   ①그렇다   ②아니다

5. 갑순이가 다른 남자와 이야기하는 모습을 보면 신경 쓰입니까?

① 그렇다　② 아니다


6. 갑순이와 관계되는 일 때문에 쓰는 시간은 아깝다고 느껴지지 않습니까?

① 그렇다　② 아니다


7. 갑순이와 신체의 일부분이 닿아도 어색한 느낌이 들지 않습니까?

① 그렇다　② 아니다


8. 여러 사람보다는 갑순이와 단둘이 있었으면 하는 순간이 자주 있습니까?

① 그렇다　② 아니다


9. 갑순이와 신체 접촉이 있을 때 기분이 좋은 편입니까?

① 그렇다　② 아니다

10. 갑순이의 말이 다른 사람들이 하는 말보다 더 중요한 판
단 기준이 되는 편입니까?
① 그렇다 ② 아니다

일단 문항은 여기까지 열 개만 만들자. 사실 한 사람이 비교적
성실하게 응답할 수 있는 설문지의 문항 수는 제한되어 있어. 너
무 문항이 많으면 응답자가 대충 찍기 시작하지. 따라서 설문지는
응답자가 어떤 속성을 가진 사람들의 전형적인 응답을 하는지 알
아보기 위한, 즉 지표들을 확인하기 위한 필수적인 질문들만 모아
놓아야 한다.

이렇게 해 놓고, 예라고 응답한 문항 수 곱하기 10을 해서 100
점 만점에 몇 점인지 숫자로 표시해서 사랑의 정도를 측정할 수
있다. 혹은 "예/아니오" 대신 "① 매우 그렇다 ② 그런 편이다 ③ 아
닌 편이다 ④ 전혀 아니다"로 해서 ①이라고 응답한 문항은 3점,
②라고 응답한 문항은 2점, ③이라고 응답한 문항은 1점, ④는 0
점을 부여하여 총합을 구할 수도 있고. 그리고 갑순이를 갑돌이로
바꾼 설문지를 하나 더 만들어서 갑순이에게 응답하게 하면 누가
더 사랑하는지 숫자로 비교할 수 있지 않을까?

아, 물론 지금 이 질문들은 내가 즉석에서 만든 거라 믿을 만한 건 아니다. 다만 예를 들자면 그렇다는 거야.

🙂 이제 알겠어요. 이렇게 구체적인 행동이나 반응을 지표로 삼아서 설문지를 만들면 사랑, 동정심 따위의 모호한 개념을 측정할 수도 있다는 말씀이시죠? 예컨대 어떤 사람의 동정심을 직접 알아볼 수는 없지만 그 사람이 평소에 기부를 얼마나 많이 하는지는 얼마든지 측정할 수 있으니까요. 그런데 꼭 저렇게 열 개, 스무 개씩 지표들이 모여야 하나의 변인을 측정할 수 있나요?

🙂 당연히 그건 아니다. 성별 같은 변인은 "귀하는 남자입니까, 여자입니까?"라는 질문 하나로 해결되고, 학력 수준은 "귀하가 마지막으로 졸업한 학교는 초, 중, 고, 대, 대학원 중 어디입니까?"라는 질문 하나로 알 수 있어. 경제 수준이나 지지하는 정당 같은 변인도 하나의 지표만 확인해도 충분하겠지. 하지만 동정심, 정의감, 그리고 좀 억지스럽긴 했지만 방금 예로 들었던 사랑 같은 변인은 지표 하나만으로 확인하기는 좀 애매하지 않겠니?

🙂 설문지에는 단독으로 하나의 변인을 측정하는 문항과

여러 문항이 한 세트가 되어 한 변인을 측정하는 문항들이 배치되어 있다는 거지요? 어쨌든 기본은 그 현상을 잘 드러내 주는 지표들만 충분히 확보하면 되는 거고요. 그래서 그 지표와 같은 일이 있느냐, 없느냐 혹은 얼마나 있느냐, 질문 형태로 바꾸어 놓고 물어보면 되는 거잖아요?

🧑 음. 뭐, 그렇게 보이기 쉽다만, 사실 지표를 질문의 형태로 바꾸는 일이 그렇게 쉬운 일이 아니란다. 지표를 확인하는 문항을 만드는 과정에서 갖가지 오류가 발생하거든. 실수로 저지르는 오류만 있는 게 아니라서 더 문제란다.

## 설문지 문항에 따라 결과가 달라지기도 하나요?

🧑 설문지를 만드는 사람이 특정한 응답을 유도하기 위해 문항을 조작하는 나쁜 경우도 있단다. 이게 보통 사람 눈에는 잘 드러나지 않아. 그러니 설문지 문항을 만드는 원칙을 익혀 두면

설문지 만들 때뿐 아니라, 설문지 문항이 제대로 된 것인지, 공정한 것인지 평가하는 데도 도움이 된단다.

**1 설문지 문항이나 보기에 어떤 가치관이나 선호가 반영되면 안 된다.**

자, 다음 문항들의 공통적인 문제점이 뭔지 알겠니?

- 능력도 없으면서 자리만 차지하고 있는 장진호 선생의 봉급을 삭감하는 것에 대해 어떻게 생각하십니까?
  ① 찬성   ② 반대

- 장진호 선생의 봉급 삭감에 대해 어떻게 생각하십니까?
  ① 교원의 사기 진작과 공평한 학교 문화를 위해 찬성
  ② 경로 사상과 그동안의 공로를 인정해 반대

- 담배가 임신과 출산에 매우 해롭다고 하는데, 여자가 담배를 피우는 것에 찬성하십니까?
  ① 찬성   ② 반대

한눈에 답이 뻔히 보이는 질문들이에요. 능력 없이 자리만 차지하고 있는 사람의 봉급을 삭감한다고 하는데 누가 반대하겠어요? 그리고 학교는 공공 기관인데 교원의 사기 진작과 공평한 학교 문화를 위해 찬성하지, 누가 경로 사상이나 그동안의 인정 따위를 고려하겠어요? 세 번째 질문은 만약 여자가 담배 피우는 것에 찬성한다고 대답하면 마치 임신과 출산을 대수롭지 않게 여기는 것처럼 함정을 파 놓았네요. 누가 찬성하겠어요?

그렇지? 응답자는 대체로 질문하는 사람의 의중을 파악해서 대답하는 경향이 있단다. 그런데 이렇게 질문과 보기에 질문자의 가치를 드러내 놓으면 응답자의 실제 생각이나 상태가 아니라 조사자가 원하는 방향으로 응답이 나올 가능성이 크단다. 이런 문항을 유도 질문(Leading Question)이라고 해.

이것처럼 노골적이지는 않지만 여론 조사나 사회 조사를 할 때 질문을 은근히 어느 쪽으로 치우치게 만들어서 응답을 유도하는 경우가 실제로 많단다. 여론 조사나 사회 조사를 자기들 주장을 합리화하려는 불순한 의도로 사용하는 거야.

**2 한 문항은 하나의 질문으로 구성되어야 한다.**

당연한 말이지만, 의외로 두 개 이상의 질문을 던져 놓고는 응답은 하나만 요구하는 문항이 많이 있단다.

"A와 B에 찬성하는가? ①예 ②아니오"라고 물어보면 응답자는 A와 B 가운데 무엇에 대한 찬성을 묻는 것인지 헷갈리게 돼. 그리고 둘 중 하나만 찬성하는 사람이 "예."라고 대답하면 나머지까지 찬성하는 게 되어 버린다. 이런 문항을 쌍렬식 질문(Double Barreled Question)이라고 한단다. 예를 들어 쌍렬식 질문은 다음과 같이 나올 수 있지.

- 대통령이 외교 분야, 국방 분야, 민생 분야에서 수행하는 정책에 대해 지지하십니까?
  ①지지   ②반대

- 교육 예산을 감축하고, 국방비를 증액해야 한다는 데 동의하십니까?
  ①찬성   ②반대

자, 이 문항들에 대한 소감을 한번 말해 보거라.

첫 번째 문항의 경우 대통령의 어떤 정책에 대한 지지를 묻는 것인지 알 수가 없어요. 국방 정책은 지지하지만 민생 정책은 지지하지 않을 수도 있고, 외교와 국방 정책은 반대하지만 민생 정책은 지지할 수도 있잖아요. 결국 세 정책 중 하나만 지지해도 마치 세 정책 모두에 대해 찬성한다고 응답하거나, 반대로 하나만 반대해도 다 반대한다고 응답해야 해요. 그런데 아무래도 문항 자체가 지지하느냐고 물어봤으니 지지한다는 응답이 많겠죠? 아, 이런 식으로 대통령에 대한 지지율이 실제보다 더 높게 조작될 수 있겠네요.

그다음 문항도 마찬가지예요. 국방비 증액에 찬성하는지 묻는 것인지, 교육 예산 감축에 찬성하는지 묻는 것인지 정확하게 알 수가 없어요. 국방비 문제와 상관없이, 교육 예산이 너무 많다고 생각하는 사람들이 찬성으로 응답할 가능성이 있어요. 그럼 그 결과는 국방비 증액에 동의하느냐는 질문만 던졌을 때보다 국방비 증액에 대한 지지율이 더 높게 나올 테고요. 만약 이런 여론 조사를 한 곳이 국방부라면 아주 비열한 꼼수를 부린 거네요.

그래. 실제로 이런 여론 조사를 했다면 비열하다는 말을 들어도 싸지. 그런데 안타깝게도 이렇게 설문지의 문항을 교묘하게 만들어서 특정 응답을 유도하거나 자기가 원하는 응답이 실제보다 더 많이 나오게 하는 조작이 아직도 사라지지 않았단다.

이런 문제는 민주주의 국가에서 특히 경계해야 한다. 민주주의 국가의 정부는 각종 정책을 국민의 뜻에 따라 결정해야 한다. 그런데 간혹 정치가나 관료들은 이런 식의 왜곡된 여론 조사를 통해 국민의 뜻에 따르는 양 속이고 싶은 유혹에 빠지기 쉽다. 그들이 이런 유혹에 빠지지 않게 하는 유일한 방법은 시민들이 이런 조작에 속아 넘어가지 않는 것뿐이지. 그러니 우리가 민주 국가의 시민으로 제대로 살아가려면 여론 조사 결과를 무조건 믿을 것이 아니라 혹시 이런 엉터리 문항이 섞여 있지는 않은지 꼼꼼히 살펴보아야 한다. 엉터리 문항으로 수집한 응답은 아무리 그 수가 많고 통계적으로 잘 처리했다 하더라도 엉터리일 테니까.

정말 아 다르고 어 달라요. 선생님, 이것 말고 또 엉터리 설문지를 가려낼 기준이 또 없나요?

흠. 어느새 이 수업의 주제가 설문지를 잘 만들기 위한 원칙이 아니라 엉터리 설문지를 가려내는 기준이 되어 버렸구나. 그건 그렇다 치고 계속해 볼까?

**3 설문지 문항에 있는 용어와 개념은 명확하게 구분되어야 한다.**

설문지 문항에는 헷갈리는 모호한 표현이 있으면 안 된다. 그리고 답을 선택해야 하는 '보기', 즉 선택지도 서로서로 명확하게 구분되어야 한다. 이걸 상호배제의 원리라고 한다. 이 선택지들 중 하나는 다른 하나와 완전히 다른 것이라야 한다. 여기에도 속하고, 저기에도 속하는 그런 보기를 들면 안 된다.

자, 다음과 같은 문항을 한번 예로 들어 볼까? 뭐가 문제지?

* 당신은 선생님에 대해 얼마나 자주 불만을 느끼십니까?
   ①가끔   ②종종   ③때때로   ④자주   ⑤많이

보기의 네 선택지가 서로 구별이 잘 되지 않아요. 특히 가끔, 종종, 때때로의 차이가 뭔지 모르겠어요. 그리고 자주와 많이의 차이도 뭔지 모르겠고요. 가끔이 종종보다 적은 것인가요? 도대체 일주일에 몇 번 불만을 느껴야 가끔이고 종종일까요? 이런 문항이라면 똑같이 일주일에 두 번 선생님한테 불만을 느꼈더라도 어떤 학생은 종종, 어떤 학생은 때때로라고 응답할 수 있을 것 같아요. 이렇게 조사한 결과는 믿을 수 없어요.

🧑 그렇지? 이렇게 문항의 선택지들이 명확하게 구분되지 않으면 응답자들은 뭐라고 답해야 할지 헷갈리게 된다. 이게 만약 시험이라면 너희들은 "선생님, 답이 없어요." 혹은 "선생님, 답이 여러 개예요!" 하고 항의하겠지.

**4 질문은 응답자와 관계가 있는 것이라야 한다.**

사실 설문지를 작성하거나 전화로 설문 조사에 응하는 것을 좋아하는 사람은 많지 않다. 그런데 그 설문 내용이 나하고 아무 상관없는 내용이라면 어떨까? 예컨대 서울에 살고 있는 청소년한테 다음 부산 시장으로 어떤 사람을 지지하는지 물어보면 어떨까? 이 아이에게는 개 풀 뜯어먹는 소리로밖에는 들리지 않겠지?

**5 질문은 응답자가 응답할 수 있는 것이라야 한다.**

다음과 같은 질문들은 또 어떠냐?

- 당신은 1년에 물을 몇 리터나 마십니까?

  ① 100리터 미만 ② 100~200리터 미만

  ③ 200~300리터 미만 ④ 300리터 이상


- 당신은 초끈 이론에서 적어도 26개 이상의 차원을 설정
  해야 한다는 것에 대해 찬성하십니까?

  ① 그렇다 ② 아니다


- 당신은 합리적 기대 가설과 신케인즈주의 중 어떤 학설
  이 거시 경제를 더 잘 설명한다고 생각하십니까?

  ① 합리적 기대 가설 ② 신케인즈주의


이 질문들을 던졌다가는 듣기 십상인 공통된 응답이 있다.


🧑 이게 무슨 소리야? 내가 알 게 뭐야? 내가 그걸 어떻게 알아? 뭐 이런 대답 아닐까요? 이 문항들은 응답자가 도저히 알 수 없거나 혹은 어떤 특정 분야의 전문가가 아니면 대답할 수 없는 것들을 묻고 있어요. 보통 이런 문항이 있으면 응답자는 응답

하지 않거나 아무렇게나 응답하고 말 거에요.

👤　　그래. 설문 문항은 응답자가 대답할 수 있는 것, 응답자와 관계된 것, 그리고 응답자가 알고 있는 것을 물어봐야 한다. 대답할 수 없거나 알지 못하는 것은 물어봐야 제대로 된 대답을 들을 수가 없지. 또 무관한 것을 물어보면 성실하게 대답할 가능성이 떨어지고. 그래서 설문지의 문항과 보기는 응답자의 특성을 고려하여 최대한 쉽고 친절하게 작성해야 하는 법이다.

**6 응답자가 100명이라면 질문지에는 100명 모두 응답할 수 있어야 한다.**

> • 귀하의 최종 학력은 무엇입니까?
> ①초등학교 졸업　②중학교 졸업
> ③고등학교 졸업　④대학교 졸업

이 문항에는 어떤 문제가 있을까?

👤 　보기가 응답자 모두를 포괄하지 못하는 것 같아요. 예를 들어 선생님처럼 박사 학위까지 받은 사람은 이 넷 중 어디에 해당되나요? 그리고 만약 초등학교를 졸업하지 못한 사람이 있다면 그 사람 역시 대답할 칸이 없겠네요.

👤 　옳거니! 이제야 설문지 보는 눈이 뜨였구나! 만약 보기 어디에도 해당되지 않는 응답자가 있다면 이 질문지로 조사한 결과는 특정한 응답자를 빼고 조사한 것이기 때문에 믿을 수가 없게 되지. 그럼 한결이가 앞의 문항을 직접 고쳐 보지 않을래?

👤 　저 같으면 최저 학력부터 최고 학력까지 모두 아우르게 이렇게 고치겠어요.

①초등학교 졸업 미만　②초등학교 졸업　③중학교 졸업
④고등학교 졸업　⑤대학교 졸업　⑥대학원 졸업 이상

휴우. 설문지 문항 만드는 게 이렇게 까다로운지 몰랐어요. 이렇게 까다로워서야 설문지 만드는 데만도 시간이 꽤 걸리겠어요. 막상 조사했다가 설문지에 문제가 있는 게 밝혀지면 이만저만 낭

패가 아니잖아요?

그래서 대부분의 조사 전문가들은 설문지가 완성되더라도 곧바로 조사에 뛰어들지 않고 반드시 다음과 같은 과정을 먼저 거친단다.

먼저 타당도 검사다. 조사에 들어가기 전에 설문지의 각 문항들이 실제 측정하려고 하는 것을 측정하는지 확인하는 과정이야. 이는 관련 분야의 전문가, 또는 응답자와 비슷한 특성을 가진 사람들에게 보여 주고 확인한다.

다음은 신뢰도 검사다. 이 문항들이 반복 측정하여도 같은 결과가 나오는 정확한 것인지 검사하는 것이다.

그리고 파일럿 조사를 한다. 파일럿 조사는 문항의 난이도, 응답자와의 관계, 그리고 그 밖에 미리 알아내어야 할 여러 문제점을 확인하기 위해 소규모의 응답자들에게(예: 2,000명에게 조사할 경우 30~60명) 먼저 문항들을 물어보는 것이다. 이때 나오는 반응을 통해 문항에 어떤 문제점이 있는지 확인하고 수정한다.

이러한 과정을 거쳐 설문지에 문제가 없는 것이 확인되면, 설문지에 대한 응답을 어떻게 받아낼지 결정해야 한다. 흔히 종이로 인쇄된 설문지를 떠올리지만, 다 그런 것은 아니다. 설문지를 수

천 장 인쇄하고 배부한 뒤 다시 수거하는 일은 매우 번거롭고 비용도 많이 들거든.

🧑 　그럼 설문지를 이메일로 돌리면 되겠네요.

🧑 　그것도 한 방법이긴 하지. 하지만 구글 메일처럼 한 사람이 여러 메일 주소를 만들 수 있고, 또 이메일 주소를 만들 때 신상정보를 전혀 입력하지 않는 경우가 많아서 이메일 주소록을 표집틀로 사용하기에는 문제가 있다. 그래서 학교나 회사, 혹은 지역사회 주민처럼 응답 대상자들이 한군데 모여 있는 경우에는 설문지를 직접 인쇄해서 배부한 뒤 수거하고, 그게 여의치 않을 경우에는 설문지를 반송용 우표 소인이 찍힌 봉투와 함께 우편으로 보내는 경우가 많다. 하지만 좀 더 경제적으로 여유가 있는 경우에는 전화 면접을 많이 사용한다. 설문지를 수천 장 인쇄하는 대신 전화 면접원이 응답자에게 전화를 걸어 직접 질문하고 응답을 기록하는 방식이지. 물론 더 좋은 방법은 직접 응답자를 만나 질문하고 응답을 기록하는 거겠지. 선거 때 주로 실시하는 출구조사가 이런 방식으로 이루어진단다. 하지만 이 방법은 인건비가 무척 많이 들겠지.

○ ● ○ ● ○

　선생님의 설명을 듣고 난 뒤 한결이는 마음이 몹시 무거워졌습니다. 방금 전까지만 해도 완벽해 보였던 자신의 설문지가 쓰레기처럼 보였습니다. 다시 처음부터 어떤 문항을 만들지부터 고민해야 합니다. 한결이는 마음을 가라앉히고 우선 설문지 인사말부터 쓰기 시작했습니다.

# 응답자의 성실성을 이끌어 내는 설문지 제작의 팁

설문지가 아무리 잘 만들어져도 응답자들이 성실하게 응답하지 않으면 역시 엉터리 조사가 되고 맙니다. 그래서 설문지를 제작할 때는 응답자들이 성실하게 답변하게끔 유도하는 방법까지 고민해야 합니다.

## 1. 친절하고 고무적인 인사말

응답자들은 대뜸 질문부터 던지는 무례한 설문지에는 제대로 응답하지 않습니다. 따라서 설문지의 첫 페이지는 온전히 인사말로 채우는 것이 좋습니다. 응답자들이 친근감을 느끼면서도 어느 정도 권위를 느낄 수 있도록 조사자에 대해 소개하고 조사의 주제와 목적을 밝힙니다. 반드시 실제 조사하려는 것을 밝힐 필요는 없습니다. 응답자가 관심과 흥미를 느낄 수 있는 부분을 부각하여 소개합니다.

## 2. 응답자 수준에 맞는 용어와 분량 선택

응답자들이 무슨 뜻인지 이해하지 못하는 설문지라면 결국 무작위로 응답할 수밖에 없습니다. 또 설문지 문항이 너무 많아도 집중력이 떨어지면서 뒤로 갈수록 무작위 응답이 늘어날 수 있습니다. 따라서 설문지를 만들면 대량으로 인쇄하기 전에 먼저 소수의 응답자에게 시간을 재 가며 사전 검사를 실시해야 합니다. 통상 설문지 작성 시간이 20분을 넘으면 응답자가 성실하게 응답하지 않을 가능성이 있습니다.

### 3. 문항들의 배치 순서

뒤로 갈수록 더 재미있고 흥미 있는 문항을 배치합니다.

단순한 문항은 앞에, 복잡한 문항은 뒤로 배치합니다.

개인 신상과 관련된 정보, 민감한 정보를 묻는 문항들은 가장 뒤에 배치합니다. 이런 문항들이 앞에 있으면 응답자가 거부감을 가지고 이후 문항들에 불성실하게 대할 가능성이 있습니다.

### 4. 무작위 응답을 가려내는 문항 배치

응답자가 성실하게 응답했는지 무작위로 응답했는지 가려내기 위한 식별문항을 두 개 정도 떨어뜨려 배치합니다.

- 당신의 성별은?
  ①여자  ②남자
- 출산을 모두 몇 번 경험했습니까?
  ①남자임  ②아직 안함  ③1회  ④2회 이상

남자라고 응답한 사람이 ②, ③, ④ 중 하나에 응답하거나 여자라고 응답한 사람이 ①이라고 응답했다면 그 설문지는 의심스러우니 면밀히 살펴봐야 합니다.

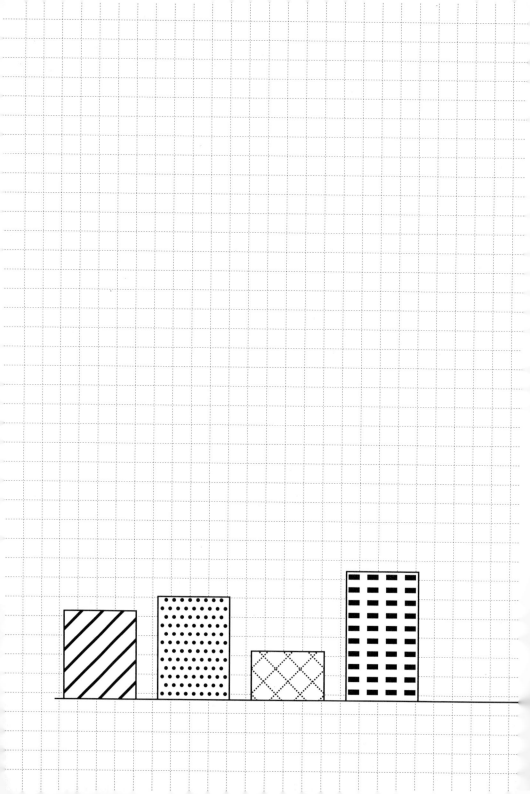

# 5
# 모집단을
# 대표할
# 표본 만들기

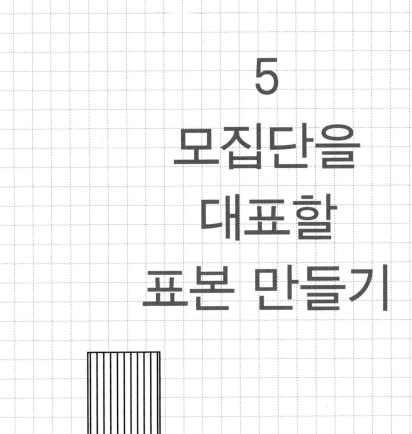

◦ ● ◦ ● ◦

"이거 어떻게 해야 하지?"

한결이가 수민이를 보며 난처한 표정을 지었습니다.

"설문지는 다 만들었고 이제 표본을 뽑아야 하는데, 어떻게 해야 할지 모르겠어. 모집틀로 쓸 전교생 명렬표는 가져왔는데, 어떻게 전교생 1,500명 가운데 150명을 확률 표집 하지? 150명이 뽑힐 확률이 똑같아야 하는데 어떻게 해야 할지……."

"그냥 명렬표 보면서 눈에 띄는 대로 150명을 고르면 안 될까?"

"그럼 이름이 특이하거나 내가 잘 아는 애들이 뽑힐 확률이 더 높지 않을까? 그리고 막 뽑다가 끝 반까지 가기도 전에 150명이 찰 수도 있어. 그럼 앞 반 애들이 뒤 반 애들보다 뽑힐 확률이 더 높단 말이야."

"그럼 카드나 구슬에 전교생 이름을 적어 상자에 넣고 무작위로 150개를 뽑는 방법은 어때?"

"1,500개나 되는 카드는 어떻게 만들고 150번이나 추첨을 하려면 그것도 너무 피곤한 일 아닐까?"

수민이가 손을 절레절레 흔들었습니다.

"야, 누나는 학원 갈 시간 되었으니까 선생님한테 여쭤보든지 아니면 그냥 내가 말한 대로 아무 이름이나 찍어. 간다. 내일 봐."

수민이와 헤어진 뒤 한결이는 한참을 고민하며 서성거리다가 어느새 교무실 앞에 와 있는 자신의 모습을 발견했습니다.

뒤에서 장진호 선생님의 껄껄거리는 웃음소리가 들렸습니다.

"하하하. 한동안 안 찾아오기에 이젠 더 배울 게 없다고 생각하는 줄 알았다."

"그런 게 아니고요. 그동안 설문지를 준비했어요. 그런데 표본으로 선정할 150명을 어떻게 정해야 할지 모르겠어요."

"아이고, 이건 내 잘못이다. 저번에 확률 표집에 대해 이야기할 때 표집틀 이야기까지만 하고 정작 표집하는 방법을 안 가르쳐 줬구나. 왜 그랬지?"

"그게, 전화번호부, RDD 그런 거 말씀하시다가요."

"아 참 그랬구나. 그게 너무 흥미진진한 이야기다 보니 내가 좀 흥분했나 보다. 자, 그럼 진도가 좀 이상하게 꼬였지만 확률 표집 하는 방법을 알려 주마."

# 어떻게 표본을 모아야
# 확률 표집이 될까?

😐 　자, 변인도 정했고 지표도 수집해서 설문지까지 만들었다. 그렇다면 이제 남은 것은 응답을 구하는 것인데, 문제는 누가 응답자가 되느냐 하는 거다. 음, 그러고 보니 진도가 특별히 꼬인 것도 아니네.

　일단 응답자는 확률 표집으로 선정해야겠지. 그런데 어떻게 모아야 확률 표집이 될까? 그냥 명단 보고 닥치는 대로 뽑는 것은 얼른 보면 확률 표집일 것 같지만, 실제로는 뽑는 사람의 의도나 선호가 반영될 수 있으니 확률 표집이라고 하기 어렵다.


😀 　그래서 제비뽑기를 할까 했는데 그러면 일이 너무 많아져요. 우리 학교 학생이 1,500명이니까 제비를 1,500개를 만들어야 하잖아요.


😐 　제비뽑기는 모든 사람들이 뽑힐 확률이 동일하고 뽑는 사람의 의도가 반영되지 않기 때문에 확률 표집에 해당하지만 모

집단이 커지면 힘들어지지. 우리 학교만 해도 제비뽑기가 힘든데 더 큰 집단이야 말할 필요도 없고.

하지만 확률 표집의 가장 기본적인 원리는 제비뽑기의 원리와 같다. 뽑는 사람의 뜻이 절대로 반영될 수 없는 조건에서 무작위로 표본이 될 사람을 뽑는 것이니까.

어떻게 그럴 수 있어요?

일단 모집단의 구성원들에게 일련번호를 부여한다. 그리고 표본 수만큼 무작위 숫자를 만들어서 그 번호에 해당하는 사람을 표본으로 선정하는 거다.

어떻게 무작위로 숫자를 만들어요?

다행스럽게도 이런 무작위의 숫자는 우리가 만들 필요조차 없단다. 컴퓨터가 스스로 주사위를 굴려 가며 무작위의 숫자를 만들어 주거든. 아니면 이미 수없이 많은 무작위의 숫자가 나와 있는 '난수표'를 이용할 수도 있고.

난수표요? 간첩들이 암호 만들 때 쓰는 거 아닌가요?

하하하. 옛날에 영화나 드라마에서 그런 식으로 많이 나왔지. 하지만 엄밀히 말해 난수표란 0에서 9까지의 숫자가 완전히 무작위로 배열되어 있는 표란다. 그래서 가로, 세로, 대각선 어느 방향으로 세어 나가더라도, 이때 숫자를 몇 개씩 뭉쳐서 몇 자리 수를 만들더라도 무작위의 숫자가 만들어지는 그런 표지. 직접 한번 보는 게 좋을 것 같구나.

| | | | | | | | | |
|---|---|---|---|---|---|---|---|---|
| 1 | 3831 | 7167 | 1540 | 1532 | 6617 | 1845 | 3162 | 0210 |
| 2 | 6019 | 4242 | 1818 | 4978 | 8200 | 7326 | 5442 | 7766 |
| 3 | 6653 | 7210 | 0718 | 2183 | 0737 | 4603 | 2094 | 1964 |
| 4 | 8861 | 5020 | 6590 | 5990 | 3425 | 9208 | 5973 | 9614 |
| 5 | 9221 | 6305 | 6091 | 8875 | 6693 | 8017 | 8953 | 5477 |
| 6 | 2809 | 9700 | 8832 | 0248 | 3593 | 4686 | 9645 | 3899 |
| 7 | 1207 | 0100 | 3553 | 8260 | 7332 | 7402 | 9152 | 5419 |
| 8 | 6012 | 3752 | 2074 | 7321 | 5964 | 7095 | 2855 | 6123 |
| 9 | 0300 | 0773 | 5218 | 0694 | 3672 | 5517 | 3689 | 7220 |
| 10 | 1382 | 2179 | 5685 | 9705 | 9919 | 1739 | 0356 | 7173 |
| 11 | 0678 | 7668 | 4425 | 6205 | 4158 | 6769 | 7253 | 8106 |
| 12 | 8966 | 0561 | 9341 | 8986 | 8866 | 2168 | 7951 | 9721 |
| 13 | 6293 | 3420 | 9752 | 9956 | 7191 | 1127 | 7783 | 2596 |
| 14 | 9097 | 7558 | 1814 | 0782 | 0310 | 7310 | 5951 | 8147 |
| 15 | 3362 | 3045 | 6361 | 4024 | 1875 | 4124 | 7396 | 3985 |

자, 이게 난수표라고 하는 거다. 일단 한 페이지만 펼쳐 놓았지만, 수십 수백 페이지로 얼마든지 연장할 수 있다.

가장 왼쪽(사실 위치는 어디라도 상관없다.)처럼 네 자릿수 숫자를 만들어서 아래로 차례로 읽어 내려가면 1~9999 사이의 무작위 숫자가 계속 만들어진다. 가운데처럼 1~99억 범위에서 무작위 숫자를 계속 만들어 내려갈 수도 있고, 오른쪽처럼 1~999 사이의 무작위 숫자를 만들어 갈 수도 있다. 무작위 숫자는 맨 위가 아니라 중간부터 만들어 갈 수도 있고, 수직 방향이 아니라 대각선 방향으로 만들어 갈 수도 있다. 이런 난수표의 속성을 이용하면 1,500명 학생 가운데 150명을 무작위로 선발하는 문제를 해결할 수 있다.

1. 모집단 모든 개체에 같은 자릿수의 일련번호를 부여한다. 즉 명렬표에 0001번부터 1500번까지 일련번호를 매겨 둔다. 이때 모든 숫자가 자릿수가 같아야 하니까 1, 2, 3······ 이 아니라 0001, 0002, 0003,······ 1500 순서로 매긴다.

2. 난수표에서 시작점을 무작위로 정하고 그 시작점에서 네 자릿수 숫자를 차례로 읽어 나간다. 이때 1500을 넘는 숫자와 이미 한 번 나왔던 숫자는 버리며, 그 외의 숫자를 차례로 기록한다.

3. 1~1500 사이의 숫자 150개가 만들어질 때까지 반복한다.

4. 선택된 숫자에 해당하는 개체(학생)들을 모아 표본으로 한다.

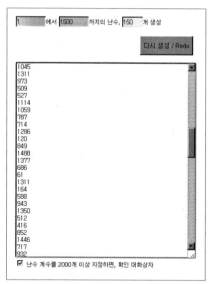 와, 이런 방법이 있었군요!

그런데 사실은 더 쉬운 방법도 있단다. 컴퓨터 난수 프로그램을 돌리면 원하는 만큼의 무작위 숫자를 얼마든지 생성할 수 있다.

난수 생성 프로그램

숫자 범위와 개수만 지정해 주면 되지. 이렇게 모집단의 개체들에게 일련번호를 부여한 뒤 표본 수만큼의 난수를 생성하거나 제비를 뽑아서 표본을 추출하는 방법을 단순무작위표본추출이라고 한단다. 이론적으로는 가장 완전한 확률 표집이라고 할 수 있지.

👤 음. 이걸로 일단 우리 학교 학생들 가운데 표본 150명을 골라내는 건 해결되었는데, 그래도 궁금한 게 있어요. 우리 학교 전교생 명렬표에 0001번부터 1500번까지 번호 매기는 건 어렵지 않은데, 예를 들면 대한민국 국민을 00000001번부터 50000000번까지 일련번호를 매기는 게 가능한가요? 그렇게 번호를 매길 수 있는 목록이 있기나 한가요? 이미 그런 거 없다고 앞에서 확인했잖아요? 그러니까 전화번호부를 쓰거나 무작위 전화번호를 만들어 사용한 거잖아요. 그렇다면 모집단의 규모가 아주 클 경우에는 어떻게 하나요? 이렇게 하지는 않을 것 같은데?

# 번호를 매길 목록이 없다면 어떻게 하나요?

그래. 좋은 지적이다. 실제로 단순무작위표본추출은 표본 추출을 하기 전에 일련번호를 가진 목록이 확보되어야 한다. 그러나 모집단이 아주 클 경우 이런 목록을 만든다는 것은 아예 불가능하거나 설사 가능하다 하더라도 비용이 아주 많이 들어서 실현이 불가능하다. 그래서 몇 가지 다른 방법이 사용되고 있단다. 그중 가장 많이 사용되는 방법이 층화표본추출과 집락표본추출, 그리고 이 둘을 결합한 층화집락표본추출이다.

층화표본추출은 모집단을 몇 개의 층으로 나눈 다음 각 층에서 표본을 추출하는 방법이다. 예를 들면 우리 학교 학생 1,500명에서 한꺼번에 표본을 추출하는 것이 아니라 각 학년에서 50명씩 앞에서 본 난수를 이용해서 추출하는 것이지. 이때 모집단을 나누는 층이 의미가 있으려면 같은 층끼리는 동질적이고, 다른 층과는 이질적인 특성이 있어야 한다.

우리 학교야 모집단이 1,500명밖에 안 되니까 학년별로 나누면 500명씩이 되어 한결 간편해지겠지만, 워낙 큰 모집단 같으면 어차피 제대로 하기 힘든 건 마찬가지 아닐까요? 예를 들면 전국의 고등학생이 180만 명인데, 이걸 학년이라는 층으로 나누어도 60만 명씩이잖아요?

😊 그렇긴 하지. 하지만 대개의 경우 층화표본추출은 층을 1단계가 아니라 3단계 이상으로 나누는 경우가 많단다. 우리 학교를 예로 들면 학년이라는 층으로 나누고, 각 학년별로 다시 성별이라는 하위 층으로 더 나누는 거야. 그리고 의미 있는 기준이 또 있으면 한 번 더 나눌 수도 있지.

영어 수준별 수업 반을 기준으로 한 번 더 나누어 볼까? 그럼 1,500명의 모집단을 18개의 작은 집단으로 나누게 되지.

| | 여학생 | | | 남학생 | | | 합계 |
|---|---|---|---|---|---|---|---|
| | 상반 | 중반 | 하반 | 상반 | 중반 | 하반 | |
| 1학년 | 80 | 90 | 80 | 80 | 90 | 80 | 500 |
| 2학년 | 80 | 90 | 80 | 80 | 90 | 80 | 500 |
| 3학년 | 80 | 90 | 80 | 80 | 90 | 80 | 500 |
| 합계 | 240 | 270 | 240 | 240 | 270 | 240 | 1500 |

이 18개의 집단은 그 숫자가 80~90명으로 많지 않을 뿐 아니라 그 집단 구성원들끼리는 동질적이고, 다른 집단 구성원들과는 이질적일 것이라고 기대할 수 있지.

이때 80명, 90명 정도 되는 작은 집단에서 각각 8명과 9명씩을 표집할 때 난수를 이용할 수도 있지만, 이렇게 나누어진 소집단은 비교적 동질적인 집단이기 때문에 80명 집단에서는 8번, 18번,…… 78번 순으로 8명씩, 90명 집단에서는 9번, 19번,…… 89번 순으로 9명씩을 뽑아도 무방하단다. 아무래도 두 번째 방법이 더 간편하겠지?

🙂 그러네요. 그럼 모집단이 수백만 명씩 되는 경우는 층을 더 상세하게 나눌 수도 있겠네요?

🙂 그렇지. 예를 들어 전국의 고등학생을 대상으로 한다면 1차 층으로 학교 종별(일반고, 특목고, 자사고, 특성화고), 2차 층으로 소재 지역(대도시, 읍면), 3차, 4차 층으로 학년, 성별 등을 기준으로 하는 등 한결 상세하게 층을 나누어 볼 수 있겠지.

하지만 명심해야 할 게 있다. 층화표본추출의 목적은 큰 모집단을 무작정 작은 집단으로 나누는 것이 아니라는 점이다. 어떤 기준을 가지고 층을 나눌 때는 그 기준이 모집단을 서로 간에는 이질적이면서 자기들끼리는 동질적인 특성을 가진 소집단으로 나눌 수 있어야 한다.

그런데 전에 교육청에서 설문 조사할 때 전교생을 안 하고 몇 반만 골라서 한 적도 있어요. 그건 표본을 잘못 뽑은 설문 조사 아닌가요?

그것도 표본을 추출하는 한 방법이란다. 그 방법은 집락표본추출이라고 해. 단순무작위표본추출과 층화표본추출은 개체들을 추출하는 방법인 반면 집락표본추출은 개체가 아니라 집단을 추출하는 거지. 아무래도 개체를 일일이 추출하는 것보다는 여러 개체가 모여 있는 집단을 추출하는 것이 더 쉬운 방법이겠지. 그래서 모집단을 여러 작은 집단들이 모인 것으로 보고, 이 작은 집단들을 추출하는 거다.

우리 학교는 그냥 학생들 1,500명이 모인 것이 아니다. 이 학생들은 학급이라는 60개의 작은 집단으로 모여 있다. 그러니까 우리 학교는 60개의 학급을 부분집합으로 하고 있는 셈이다. 이때 1,500명 가운데 150명을 표집하는 것이 아니라 60개의 학급 중 각 학년

1반과 2반을 표본으로 삼아 모두 6개의 학급을 표집하면 어떨까? 그래도 150명이 모이지? 이게 바로 집락표본추출이다. 이렇게 표집된 학급의 학생들은 자연스럽게 모두 표본에 포함되는 것이고. 실제로 교육과 관련된 조사에서 가장 많이 사용하는 표집 방법도 바로 이 집락표본추출이다.

하지만 그렇게 하면 표본의 대표성에 문제가 생기지 않나요? 1반, 2반에 속한 학생들이 3반부터 20반까지 학생들보다 표본이 될 확률이 훨씬 높은 거니까 확률 표집이 아니잖아요?

만약 우리 학교가 성적에 따라 학급을 다르게 편성하고 있어서 앞 반에서 뒤 반으로 갈수록 공부를 점점 더 못한다거나, 혹은 남자 반 여자 반이 따로 있어서 앞 반은 여자, 뒤 반은 남자 반이라면 문제가 생길 거다. 공부 잘하는 애들만 표집되거나 여학생만 표집될 테니 말이다.

하지만 우리 학교는 한 학급을 편성할 때 공부 잘하는 아이, 못하는 아이, 부유한 아이, 가난한 아이, 남자, 여자가 골고루 섞이도록 한다. 이런 점에서 학급은 학교의 축소판이라고 할 수 있다. 학급 안의 학생들끼리는 서로 상당히 다르고 이런저런 차이가 나지만, 학급끼리는 거의 비슷하거든. 반 평균 점수, 남녀 분포, 혹은 가정의 월 평균 소득이나 말이지.

　그러니 1반, 2반이 아니라 3반, 4반, 혹은 아무 반이나 두 반을 고른다고 해도 별 차이가 없을 것 아니겠냐? 다만 한 학급에 1, 2, 3학년이 모두 들어 있지는 않기 때문에 각 학년별로 1반, 2반을 선정한 것이다. 이렇게 모집단의 여러 구성 요소들이 골고루 포함되어 있을 것이라고 기대되는 소집단을 집락(cluster)이라고 부른다.

　　지금까지 공부한 세 가지 표집 방법을 다이어그램으로 한 번 정리해 볼게요.

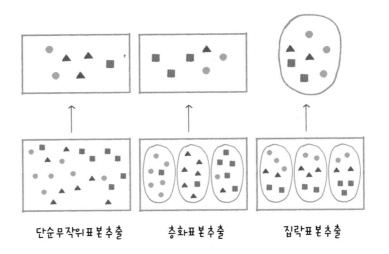

단순무작위표본추출　　　층화표본추출　　　집락표본추출

가장 왼쪽이 단순무작위표본추출, 가운데가 층화표본추출, 오른쪽이 집락표본추출이에요. 삼각형, 동그라미, 네모가 각각 일곱 개씩, 요소가 총 21개인 모집단에서 여섯으로 구성된 표본을 추출한다고 할 때, 단순무작위표본추출은 전체에서 무작위로 여섯을 추출합니다. 물론 이때 표집오차가 있을 수 있으니 표본의 구성비는 모집단의 구성비와 조금 다를 수 있습니다. 층화표본추출은 모집단을 '모양'이라는 기준에 따라 원, 세모, 네모라는 세 층으로 나눈 다음 원 중에서 둘, 세모 중에서 둘, 네모 중에서 둘을 표집합니다. 물론 층을 나누는 과정이나 표집 과정에서 오차가 있을 수 있습니다. 집락표본추출은 모집단이 원, 세모, 네모가 골고루 섞인 세 개의 소집단으로 이루어져 있을 때 사용합니다. 이때 세 소집단이 서로 거의 동질적이라면 이중 한 집단을 골라 표본으로 삼는 것이죠. 마치 우리 학교에서 각 학년의 1반 학생들만 골라서 표본으로 삼는 것과 같아요.

👦 그래. 잘 정리했구나. 그럼 이중 하나의 방법을 사용해서 표본을 추출했다고 하자. 그다음에는 무엇을 해야 할까?

👦 아무리 표집을 잘했다고 하더라도 어쨌든 표본과 모집

단이 완전히 동일하지는 않을 거예요. 그러니까 이렇게 표집한 표본이 모집단을 어느 정도까지 대표할 수 있는지 확인해야 하지 않을까요? 100% 맞는 통계는 없으니까, 틀릴 가능성을 미리 예측해 두면 좋을 것 같아요.

# 표본은 얼마나 믿을 만할까?

가장 중요한 점을 잘 지적해 주었다. 모든 통계 조사는 모집단이 아니라 표본의 결과 수치다. 표본으로 모집단의 값을 다만 추정할 뿐이지. 그래서 아무리 표집을 잘했더라도 모집단을 100% 대표할 수 있는 표본은 있을 수 없고, 표집 과정에서 이런저런 오차가 발생하기 마련이지.

그래서 모든 사회 조사는 결과 수치뿐만 아니라 모집단, 표본을 표집한 방법, 그리고 표본과 실제 모집단의 차이인 표본오차를 공개하게 되어 있다. 표집한 방법을 공개하는 까닭은 확률 표집을 하지 않으면 원칙적으로 표본이 얼마나 모집단을 대표할 수 있는지 말할 수 없기 때문이며, 표본오차를 공개하는 까닭은 표본 조사 결과를 해석하는 사람들에게 오차 범위를 감안할 수 있도록 하기 위해서다.

다음과 같은 기사가 신문에 났다고 하자. 뭐 이상한 점 없니?

한국 학생들의 학력 저하가 매우 심각한 지경이다. 국제 학업성취도 평가에서 한국 학생들의 평균 점수는 77.87점으로 일본의 78.13점보다 뒤지는 것으로 나타났다. 이는 한국 교사들이…. 전교조가….

— 2020년 4월 2일 조중일보(가상의 기사)

우선 이 기사는 학업 성취도 평가가 모든 학생을 대상으로 한 것인지 일부 학생을 표집해서 조사한 것인지 밝히지 않았어요. 모든 학생을 대상으로 했다면 한국이 일본보다 뒤진다고 말할 수도 있겠지만, 표집 검사였다면 엄밀히 말해 한국의 표본 집단이 일본의 표본 집단보다 점수가 낮았다고 말해야 해요. 저 점수 차이가 실제 차이가 아니라 표집오차 때문일 수도 있으니까요. 게다가 저 기사는 표집오차에 대해서도 언급하지 않았어요. 점수 차이가 겨우 0.26점밖에 안 나는데 이게 표집오차 때문인지 실제 차이인지 확인할 방법이 없는 거죠.

👤 이런 식으로 표집 방법과 표본오차를 공개하지 않은 조사 결과를 가지고서 어떤 주장을 정당화하는 사람이 있다면, 그 사람은 사기를 치고 있다고밖에 말할 수 없다. 표본을 대상으로 조사했으면서 마치 그 결과가 모집단과 일치하는 양 말하고 있기 때문이지.

그럼 다음 기사는 어떠냐?

---

국제 학업 성취도 평가에서 한국 학생들의 평균 점수는 77.87점으로 일본의 78.13점보다 뒤지는 것으로 나타났다. 이 검사는 두 나라 중학교 3학년 학생들을 대상으로 다단계 층화집락표집으로 선발된 각 1,500명씩의 학생을 대상으로 실시되었으며, 95% 신뢰수준에서 오차 범위는 ±1.96점이다.

— 2020년 4월 2일 한경신문(가상의 기사)

---

와, 조사에 대한 정보가 있는지 없는지에 따라 아주 차이가 커요. 우선 모집단의 범위가 나와 있어 한일 학생들의 점수가 중학교 3학년에서 표집된 학생들 간의 점수 차이이지 학생들 전체의 점수 차가 아니라는 것을 알 수 있어요.

또 표집 과정에서 발생할 수 있는 오차 범위를 분명하게 제시했기 때문에 0.26이라는 점수 차이가 큰 의미가 없다는 것도 확인할 수 있어요. 오차 범위가 ±1.96점이면 실제 한국 학생들의 점수는 75.91~79.83점 사이, 일본 학생들의 점수는 76.17~80.09점 사이라는 뜻이에요. 만약 다시 1,500명을 표본으로 뽑아서 검사한다면 한국이 79.83점, 일본이 76.17점이 될 수도 있는 것 아닌가요? 와, 오차 범위를 알고 나니 똑같은 수치를 전혀 다르게 해석하게 되는걸요?

오차를 잘 이해하고 있구나. 이 조사의 결과는 고정된 점수가 아니라 한결이 네가 말한 것처럼 한국은 75.91~79.83점, 일본은 76.17~80.09점 사이라는 말이다. 이렇게 조사 결과에 오차를 감안하여 산출한 범위를 신뢰구간이라고 한다.

즉 경우에 따라 한국 학생이 79.83점, 일본 학생이 76.17점을 받을 수도 있다는 말이다. 다시 표집해서 조사하면 얼마든지 뒤집

76.17                    80.09

일본 학생 점수의 신뢰구간

한국 학생 점수의 신뢰구간
75.91                    79.83

어질 수 있는 결과이므로 "한국 학생보다 일본 학생의 점수가 높다."라고 단언할 수 없으며, 다만 "일본 학생의 점수가 한국 학생보다 오차 범위 내에서 높다."라고 말해야 한다. 오차 범위 내의 차이는 실제 모집단의 차이일 수도 있지만 표본오차에 의해서도 발생할 수 있는 차이란 뜻이며, 다시 표집하여 조사한다면 얼마든지 달라질 수 있다는 뜻이기 때문에 의미 있는 차이로 보지 않는다.

😐   앞으로 표집오차 범위를 빼고 쓴 조사 결과는 의심해 봐야겠어요.

😐   표집오차를 명시해 두면 조사 결과가 정확한 수치가 아니라 어느 범위 내의 수치임을 밝혀 두는 것이기 때문에 해석할 때 오해의 소지가 없게 된다. 그래서 오차에 대한 정보를 제공하지 않는 통계 조사 결과는 의심해야 한다. 조사자가 마치 완벽한

진실을 아는 것처럼 속이려는 의도가 있을 수 있기 때문이지. 아무리 정교하게 설계된 조사라고 하더라도 조사자는 자신이 예측할 수 있는 것은 정확한 수치가 아니라 어디까지나 일정한 범위 내의 수치임을 명심하고, 진실 앞에 겸허해야 한다.

😊    선생님. 그런데 저 신뢰수준 95%라는 건 뭔가요? 조사 결과가 95% 정확하단 뜻인가요? 신문에 보면 신뢰수준 99%인 조사 결과도 꽤 되던데, 그 정도면 거의 점쟁이 아닌가요?

😊    하하하. 그게 그런 뜻이 아니란다. 신뢰수준 95%는 모집단의 실제 값이 이 조사가 제시한 신뢰구간 안에 있을 확률이 95%라는 것이다. 한국 학생들의 표본으로 선정된 1,500명의 점수가 77.87점인데, 실제 한국 학생들의 점수가 75.91 ~ 79.83점 사이에 있을 확률이 95%라는 뜻이다.

😊    바꿔 말하면 5%의 확률로 한국 학생들의 실제 점수가 75.91보다 낮거나 79.83보다 높을 수 있다, 그런 뜻이네요? 그럼 오차 범위만 넓게 잡으면 신뢰수준을 100%로 올릴 수 있겠어요.

하하하, 넌 농담처럼 말했지만, 실제로도 그렇단다. 신뢰구간을 넓게 잡을수록 신뢰수준은 높아지지. 이걸 제대로 이해하려면 정규분포에 대한 수학 지식이 필요한데, 그것까지 설명하자면 너무 복잡해지니까 그건 다른 기회에 보도록 하고, 여기서는 신뢰구간이 넓을수록 신뢰수준은 높아지고, 신뢰구간이 좁을수록 신뢰수준이 낮아진다는 정도로 정리해 두자. 그런데 신뢰수준을 높이기 위해 표집오차 범위를 너무 넓게 잡는다면 어떨까?

그런 건 하나마나한 조사예요. 누가 저더러 다음 시험 성적이 70점 이상 100점 미만임을 100%의 확률로 예측할 수 있다, 그러는 거나 마찬가지죠.

어느 방송사에서 선거 여론 조사가 자꾸 틀린다고 욕을 먹자 표본오차를 무려 ±6% 정도로 설정하여 신뢰수준을 99%로 높였다고 해 보자. 여론 조사에서 A후보의 지지율은 47.8%, B후보의 지지율은 43.4%였어. 그런데 실제로는 B후보가 48.8%를 얻어서 43%에 그친 A후보를 누르고 당선된 거야.

이 방송사는 자신들의 여론 조사가 틀리지 않았다고 주장할 것이다. A후보 지지율의 신뢰구간이 41.8~56.8%, B후보 지지율의 신뢰구간이 37.4~49.4%인데 A후보는 43%, B후보는 48.8%를 얻었으니 말이다. 하지만 이런 경우는 여론 조사가 심각하게 틀렸다고 보는 것이 상식적이다. 비싼 돈 들여서 여론 조사를 하는 이유는 하나마나한 결과가 아니라 의미 있는 예측을 해 보려는 것이니 말이다.

JTBC가 여론 조사 전문기관 리얼미터에 의뢰해 해당 지역 유권자들을 대상으로 여론 조사를 실시한 결과, 무소속 A후보가 38.8%로 가장 높게 나타났고, 다음으로 S당 H후보가 32.8%, J당 K후보가 8.4%, U당 C후보가 6.1%를 기록했다. 이번 조사는 19세 이상 유권자 700명(총 통화 시도 12,727명)을 대상으로 유선전화 RDD 자동응답(ARS) 방식으로 조사했고, 표본오차는 95% 신뢰수준에서 ± 3.7%였다.

이 신문 기사를 읽고 대답해 보렴. 여론 조사 결과 현재 선두를 달리고 있는 A후보는 확실히 당선될 것이라고 예측할 수 있을까?

아니라고 생각해요. 표본오차가 ±3.7%이기 때문에 A후보의 지지율은 신뢰구간이 35.1~42.5%, B후보 지지율의 신뢰구간은 29.1~36.5%에요. 그러니까 A후보가 35.1%의 지지를 받고, B후보가 36.5%의 지지를 받을 수도 있죠. 그래서 이 경우에는 A후보가 B후보를 오차 범위 내에서 앞서고 있다고 말해야 할 것 같아요.

이 여론 조사의 표집 방법은 무엇일까?

유선전화 RDD 방식이라고 했는데, 앞에서 배운 대로 무작위 전화번호를 만들어 전화를 걸었으니까 일종의 단순무작위 추출이라고 할 수 있겠네요. 하지만 일련번호가 매겨진 목록에서 추출한 것이 아니기 때문에 신뢰성은 조금 떨어지고요.

이 조사 결과에 대해 문제 제기할 점은 없니?

제가 무슨 문제 제기씩이나 하겠어요? 하지만 전화로 하는 여론 조사가 ARS라는 것이 조금 마음에 안 들어요. 저 같아도 ARS로 걸려오는 전화는 그냥 끊어 버리거든요. 제 생각에는 젊고 독립적인 성향의 사람들일수록 ARS로 걸리는 전화는 안 받고 끊을 것 같아요. 그렇다면 특정한 성향의 사람들이 표본이 될 가능성이 낮아지니까 확률 표집의 전제조건에도 맞지 않고요. 실제로 13,000통이나 전화를 걸었는데 700명밖에 응답하지 않았잖아요?

○ ● ○ ● ○

선생님이 가볍게 박수를 치며 말했습니다.

"좋은 지적이다. 이제 배울 만큼 배운 것 같은데, 앞으로 어쩔 생각이냐?"

"설문지 돌려야죠."

"그래, 누구한테?"

"처음에는 전교생 명렬표에 일련번호를 붙인 다음 단순무작위표본추출을 할까 했는데, 그냥 각 학년별로 1반하고 끝 반, 이렇게 여섯 개 학급에 설문지를 돌리려고요. 층화집락표집을 하는 거지요."

"그래. 그건 잘한 선택인 거 같구나. 그럼 설문지 돌려 보고, 결과 나오면 나도 한번 보여 주렴."

"네, 알겠습니다."

"이런, 또 퇴근 시간이 지났구나. 이거 너 때문에 번번이 초과 근무를 하는데 아무래도 너희 부모님한테 초과 근무 수당을 청구해야겠다."

"네, 네?"

"하하하! 농담이다."

선생님은 어리둥절해하는 한결이를 남겨두고 덩실덩실 몸을 흔들며 자리를 떴습니다. 한결이도 잠시 멋쩍게 남아 있다가 주섬주섬 가방을 들었습니다. 그때 전화기가 깜박이더니 수민이의 얼굴이 전화기를 가득 채웠습니다.

# 표집으로 사기 친
# J신문의 기사

어느 나라에서 대통령 후보자들 간의 방송 토론이 개최되었습니다. A후보는 방송 토론을 계속 기피하던 중이었고, B후보와 C후보는 변호사 출신으로 토론에 능숙했지요. 실제 토론에서도 A후보는 질문에 제대로 대답하지 못하고 쩔쩔 매는 모습을 보였습니다.

그런데 토론회가 끝나자마자 J라는 신문사는 640명을 표본으로 긴급 여론 조사를 실시해 A후보가 잘했다는 응답이 36%, B후보가 잘했다는 응답이 29%, C후보가 잘했다는 응답이 19%이며, 무작위 표집을 전제할 경우 표집오차는 ±3.1%, 신뢰수준은 95%라고 보도했습니다.

대부분의 사람들이 실제로 느낀 것과는 동떨어지는 결과였지요. 왜 이런 결과가 나왔을까요? 그 이유는 640명의 표본을 편의표집을 통해 선정했기 때문입니다. 편의표집은 연구자가 가장 손쉽게 얻을 수 있는 표본을 임의로 선택하는 방법입니다. 따라서 연구자의 주관이 개입될 수 있기 때문에 확률 표집의 원칙에 위배됩니다. 즉 임의표집을 함으로써 기자가 원하는 여론이 나오도록 조사를 왜곡한 거지요. 그리고 객관적인 여론 조사 결과처럼 보이도록 표집오차와 신뢰수준을 함께 쓰고, 여론 조사 전문가들의 비난을 피하기 위해 표집오차 앞에 '무작위 표집을 전제할 경우'라는 단서를 붙였습니다. 하지만 사실 편의표집을 했으니 표집오차는 의미가 없습니다. 이렇게 2중, 3중으로 독자를 기만한 이 기사는 기자들이 선정한 최악의 선거보도로 선정되었습니다.

# 무조건 성공할 수밖에 없는 실험

어떤 조사는 특정한 속성을 가진 대상만 선정해야 할 경우도 있습니다. 예를 들면 치료약의 효과를 알아보려면 건강한 사람이 아니라 환자들을 대상으로 표집해야 합니다. 하지만 이럴 때 조심해야 할 것이 통계적 회귀 현상입니다. 이는 어떤 극단적인 속성을 가진 사람들을 표집할 경우 특별한 조치를 하지 않아도 평균을 향해 회귀하는 경향을 말합니다.

예를 들어 어떤 수업 방법의 효과를 검증하기 위해 공부를 가장 못하는 학생들만 모아 놓고 수업한 다음 성적의 변화를 측정했다고 합시다. 그러면 이 수업 방법은 크건 작건 간에 무조건 효과가 있는 것으로 나올 수밖에 없습니다. 가장 공부 못하는 학생들을 표집했기 때문에 성적의 변화 방향은 제자리 아니면 올라가는 것 외엔 없기 때문입니다. 또 어떤 치료법의 효과를 검증하기 위해 거의 가망이 없는 환자들을 표집했다면 역시 크건 작건 효과가 있는 것으로 나타날 것입니다. 더 나빠질 수 없으니까요.

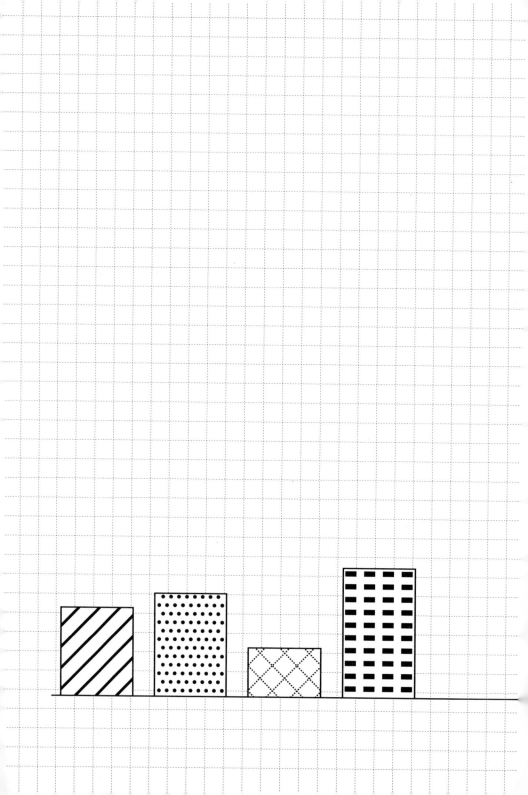

# 6
# 수집된 자료 처리하기

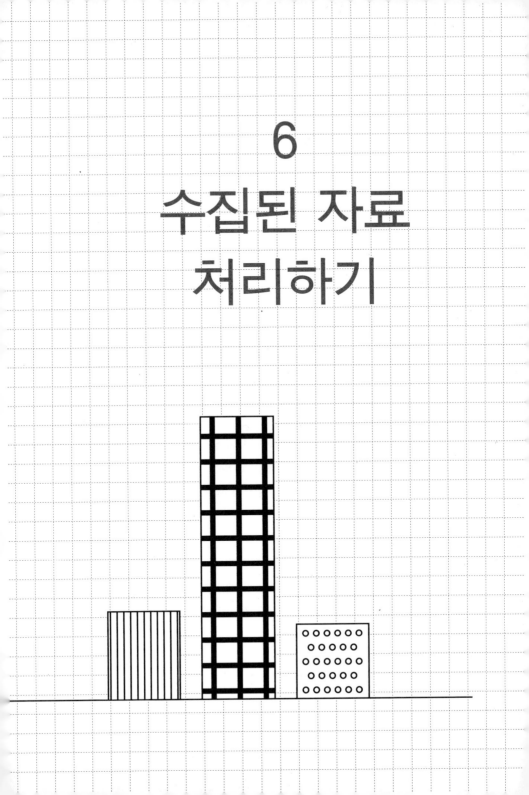

○ ● ○ ● ○

"휴우."

한결이가 한숨을 내쉬자 수민이가 묘한 눈으로 바라보았습니다.

"지붕 꺼지겠다. 웬 약한 모습?"

"설문지를 다 받았는데 이걸 어떻게 해야 할지 모르겠어."

"야, 누가 보면 설문지 수천 장 받은 줄 알겠다. 기껏 150장이잖아?"

"정확하게는 136장이야. 설문지 나눠주던 날 안 오거나 조퇴한 아이들, 그리고 한 번호로 찍거나 백지 낸 애들이 있어서."

"심지어 150장도 안 된다는 거야? 그 정도면 서너 시간이면 다 정리할 수 있을 것 같은데?"

"그렇게 쉬운 일이 아니니까 그렇지."

"야, 나 무시하는 거야? 우리 언니가 사회학과 대학원 다니는 거 몰라? 걸핏하면 설문지 뭉치 들고 들어와서 작업할 때 내가 많이 도와줬다고. 음, 사실 용돈 받고 한 거니까 도와주었다고 말하긴 그렇군."

"와, 그럼 돈 받고 일할 정도의 실력이란 말이네?"

"노트북 펼쳐. 누나가 딱 몇 장만 시범으로 해 줄 테니까, 나머지는 네가 알아서 해."

한결이가 노트북을 펼치자 수민이가 침을 튀겨 가며 설명을 시작했습니다.

"가장 먼저 할 일은 제대로 응답한 설문지인지 확인하는 거야. 아무 번호나 찍은 거, 백지 설문지, 장난친 설문지 등을 골라내는 거지. 이걸 설문지 정선 과정이라고 하더라. 그런데 이건 네가 이미 했으니까 넘어가고 다음으로 할 일은 설문지마다 일련번호를 붙이는 거야. 설문지는 당연히 작성자 이름을 안 밝히니까 1번 응답자, 2번 응답자, 이런 식으로 이름을 붙여 주는 거지. 설문지가 현재 136장이니까 1번부터 136번까지 설문지 표지에다가 번호를 써 줘. 네임 펜이나 뭐 이런 걸로.

그다음에는 엑셀을 열어. 꼭 엑셀이 아니더라도 표 계산 프로그램이면 뭐든 상관없어. 넘버스나 오픈 오피스, 구글닥스나 이런 것도. 난 엑셀을 쓸게. 자, 첫 번째 열은 일련번호야. 그리고 두 번째 열부터는 각각의 문항이야. 만약 네 설문지가 27개 문항으로 되어 있다면 일련번호 열을 포함하여 모두 28개의 열이 되는 거지. 만약 여러 개 문항이 하나의 세트라면 A-1, A-2……, B-1, B-2…… 이런 식으로 열 이름을 지어 주면 헷갈리지 않겠지?

자, 그럼 어디 설문지가 어떻게 생겼나 볼까? 첫 번째 문항은 성별, 두 번째는 성적, 세 번째는 소득 수준, 네 번째는 (하하) 네가 한 맺힌 수학여행 선호지. 그다음에 다섯 문항이 한 세트, 또 그다음의 다섯 문항이 한 세트. 뭐야, 열네 문항밖에 안 되잖아? 이걸 가지고 그렇게 엄살이었어? 그런데 다섯 개씩 세트로 된 문항들은 뭘 측정하려고 만든 거야?"

"앞의 다섯 개는 선생님하고의 관계가 얼마나 친밀한지 물어보는 거고, 뒤의 다섯 개는 자기 자신의 능력에 대해 어떻게 생각하는지 물어본 거야."

"그럼 먼저 것은 교사친밀-1, 교사친밀-2……, 뒤의 것은 자신감-1, 자신감-2……, 이렇게 열 이름을 지어 놓을게. 난 딱 네 장만 입력할 테니까 잘 보고 그다음부터는 알아서 해."

키보드 두드리는 소리가 탁탁탁! 탁탁탁! 울려 퍼지더니 금세 근사한 표가 만들어졌습니다.

성별 칸에 남자는 0, 여자는 1이라고 입력되어 있고, 그다음 문항부터는 응답자가 표기한 숫자가 그대로 입력되어 있었습니다.

한결이는 이 표로는 자신이 원하는 바가 다 드러나지 않는 것 같았습니다.

"여기에 하나 추가할 게 있어. 교사친밀에 속하는 다섯 문항은 합산해서 교사 친밀도라는 변인을 만들 거야. 네가 자신감이라고 정리한 이 다섯 문항도 합산해서 자기 효능감이라는 변인을 만들 거고. 그러니까 각 다섯 개 문항이 끝난 자리에 앞의 다섯 문항을 자동으로 합산하는 열을 하나씩 만들어 주면 좋겠어."

수민이는 전문가처럼 한결이가 원하는 열을 추가해 주었습니다.

"자, 누나는 간다. 나중에 통계 결과 다 나오면 보여 줘."

"잘 가. 정말 고마워."

한결이는 계속 자리에 남아서 설문지를 아까와 같은 요령으로 컴퓨터에 입력했습니다. 다섯 문항을 자동으로 합산하는 교사 친밀도, 자기 효능감이라는 열도 만들어 놓았기 때문에 입력만 하면 저절로 계산이 되었습니다. 한결이는 세 시간에 걸쳐 입력을 모두 마쳤습니다.

표는 그럴싸했어요. 그런데도 한결이는 뭔가 찝찝한 느낌이 들었어요. 또 한 번 장진호 선생님의 도움이 필요할 것 같았어요. 한결이는 퇴근 전에 선생님을 붙들려고 헐레벌떡 교무실로 뛰어갔어요.

"선생님, 이것 좀 봐 주세요. 일단 설문지 150장 돌렸고요, 설문지 정선 작업을 통해 미응답, 불량 응답을 제외하고 136장을 코딩했어요. 그런데 코딩까지는 다 했는데, 그다음에 어떻게 해야 할지 모르겠어요. 그래서 일단 이렇게 한번 결과를 정리해 봤어요."

장진호 선생님은 어리둥절해 있다가 한참 만에 상황을 이해하고는 자리에 앉았습니다. 오늘도 일찍 퇴근하기는 틀린 것 같았지요.

한결이가 문서 편집기를 실행하자 각종 표로 가득한 문서가 컴퓨터 화면을 밝히며 펼쳐졌습니다.

표를 보던 선생님이 고개를 가로저었습니다.

"이런, 이런. 열심히 하기는 했다. 그리고 뭐 딱히 흠잡을 것은 없다만, 변인들의 성격에 대해 먼저 정리를 하고 그다음에 수치를 구했어야 했는데 그냥 무작정 수치를 구했구나."

"변인들의 성격이라뇨?"

|  |  | 숫자 |
|---|---|---|
| 성별 | 남자 | 65 |
|  | 여자 | 71 |
| 소득 수준 | 200만 원 미만 | 21 |
|  | 200만~300만 원 미만 | 25 |
|  | 300만~400만 원 미만 | 45 |
|  | 400만 원 이상 | 45 |
| 수학여행 선호 | 해외 | 79 |
|  | 국내 | 57 |
| 성적 | 평균(100점 만점) | 75.2 |
| 교사 친밀도 | 평균(20점 만점) | 13.7 |
| 자기 효능감 | 평균(20점 만점) | 12.6 |

"원래 설문지를 만들기 전에, 그러니까 측정 도구를 제작하기 전에 먼저 변인들 수치화를 어느 수준까지 해서 측정할 것인지 정했어야 하는 건데."

"네? 그럼 어떻게 해요? 벌써 설문지 다 돌리고 코딩까지 마쳤는데?"

"다행히 소득 수준 변인 말고는 크게 잘못된 것이 없으니, 그냥 공부했다 생각해. 다음부터 설문지를 만들 때는 먼저 각 변인마다 측정 수준을 정해 놓고 만들어야 한다."

"그럼 그 측정 수준이란 것을 가르쳐 주세요."

# 변인의 속성에 매기는 번호에는
# 무슨 의미가 있을까?

예를 들면 다음과 같은 문항들이 있다.

• 당신의 성별은 무엇입니까?

　①여성　②남성

• 당신은 어느 지역에 거주하십니까?

　①수도권　②강원권　③충청권

　④호남권　⑤영남권　⑥제주도

• 당신이 보유하고 있는 전화기는 어느 회사 제품입니까?

　①애플　②모토로라　③엘지

　④삼성　⑤팬택　⑥기타

이런 문항의 응답 결과 역시 일단 숫자로 기록한다. 그래서 여성은 ①, 남성은 ②라는 숫자를 부여받는다. 마찬가지로 애플은 ①, 삼성은 ④라는 숫자를 부여 받겠지. 이 숫자들은 서로 다르다는 의미만 있을 뿐, 숫자의 크기는 아무 의미가 없기 때문에 서로 구별만 된다면 아무 숫자나 붙여도 상관없다. "①남성 ②여성" 이렇게 문항을 바꾸어도 되고, 심지어 "④여성 ⑨남성" 이렇게 바꾸어도 상관없다. 이런 것을 명목 변인(nominal variable)이라고 한다.

어떤 집단에게 명목 변인에 해당되는 것을 조사했다면 그 조사 결과는 각 번호에 해당하는 응답 수가 모두 몇 개인지만을 기록한다. 예컨대 150명의 학생에게 "어떤 회사의 전화기를 사용하십니까? ①모토로라 ②삼성 ③팬택 ④기타 ⑤엘지 ⑥애플"이라고 물었다면, 학생들의 응답은 각각의 숫자로 코딩되겠지. 그런데 150명의 응답을 합산했더니 600이며, 평균을 구했더니 4가 나왔다, 이렇게 기술한다면 이게 의미가 있겠니?

아무 의미가 없죠. 만약 평균이 4가 나왔으니 학생들이 주로 팬택을 사용한다는 결론이라도 내린다면 거의 코메디에 가까운 일이죠. 학생들 절반이 애플, 나머지 절반이 삼성을 써도 그 숫자를 합산하면 저런 결과가 나올 테니까요.

그렇지. 이렇게 명목 변인으로 측정한 값을 합산하거나 평균을 구하는 것은 아무 의미가 없다. 오직 필요한 결과는 각 숫자에 해당하는 응답자 수(사례 수)가 몇 명인지인데, 이것을 통계 용어로 빈도(FREQUENCY)라고 한다. 정리하면 명목 변인의 측정 결과는 다음과 같이 빈도만 표시한다.

| 보유한 전화기 제조사 | 응답자 수 |
|---|---|
| 모토로라 | 2 |
| 삼성 | 66 |
| 팬택 | 12 |
| 기타 | 15 |
| 엘지 | 31 |
| 애플 | 24 |
| 합계 | 150 |

또 다른 예를 들어 볼까? 다음 문항에서 숫자는 어떤 의미일까?

• 귀하는 지금 몇 학년입니까?

① 1학년   ② 2학년   ③ 3학년

• 귀하가 현재 재학 중인 학교 급은 무엇입니까?
  ① 초등학교   ② 중학교   ③ 고등학교   ④ 대학교

여기서는 숫자를 함부로 바꾸면 안 될 것 같아요. 1, 2, 3학년, 초등학교, 중학교, 고등학교, 대학교는 분명 순서가 있는 것이니까요.

여기서 숫자는 순서를 의미한단다. 이런 변인을 서열 변인(ordinal variable)이라고 한다. 여기서 숫자의 크고 작음은 순서의 앞뒤를 의미하지 실제로 크거나 작다는 뜻은 아니다. 3학년이 1학년보다 서열이 더 높기는 하겠지만, 그렇다고 3학년이 1학년보다 더 우월하거나 큰 것은 아니지. 또 중학교가 초등학교보다 더 우월하거나 큰 것도 아니고.

숫자와 숫자 사이도 의미가 없다. 1학년이면 1학년이고 2학년이면 2학년이지 1.5학년 같은 건 없겠지. 고등학교면 고등학교, 대학교면 대학교지 3.4 같은 숫자는 대체 무슨 의미가 있겠냐? 하긴

아침도 점심도 아닌 브런치가 있긴 하다만 말이다.

🧑 맞아요. 그래서 어떤 미국 드라마에 나오는 물리학자가 자기는 브런치를 싫어한다고 했어요. 아침이면 아침이고 점심이면 점심이지 아점이 뭐냐고. 아마 그 사람은 아침, 점심, 저녁을 서열 변인으로 생각했던 모양인가 봐요.

🧑 하하하. 응용력이 좋은걸? 그렇기 때문에 서열 변인에서도 응답 결과를 합산한다거나 평균을 낸다거나 하는 것은 의미가 없다. 150명의 응답 결과를 합산한 결과 모두 600이며, 평균은 2학년이다, 이런 식의 계산이 무슨 의미가 있겠니? 우리가 알고자 하는 것은 각 학년의 학생이 몇 명이냐 하는 것이지.

🧑 아, 그러니까 서열 변인 역시 빈도만 측정하는군요. 1학년 48명, 2학년 51명, 3학년 51명, 이런 식으로요.

# 숫자의 크기에 의미가 있는
# 변인은 없을까?

🧑 다른 예를 들어 보자.


1. 당신의 IQ는 얼마나 됩니까?
2. 오늘의 기온은 섭씨 몇 도입니까?


이런 문항에는 어떤 대답을 할까? 아마도 구체적인 숫자가 나오겠지. 첫 번째 문항 같으면 나는 156, 박수민은 143, 김한결은 88, 이렇게 나올 것이고. 두 번째 문항 같으면 섭씨 26도, 섭씨 31도, 이런 식으로 말이다.


🧑 잠깐만요. 저 88 아니거든요?


🧑 하하하. 예를 들자면 그렇다는 거다. 그런데 이렇게 민감한 걸 보니 혹시? 아니다. 인석아, 농담이다. 이 숫자들은 크기에 의미가 있다는 점에서 명목 변인이나 서열 변인과는 다르다.

섭씨 31도는 섭씨 26도보다 더 덥다는 뜻이다. 논란의 여지는 있다만, 아이큐 140은 아이큐 80보다 지능이 더 높다는 뜻이고.

특히 중요한 것은 이 숫자들은 마치 눈금과도 같아서 숫자가 하나씩 커질 때마다 실제로 똑같은 단위로 커지고 있음을 표시한다는 점이지. 즉 24도와 26도의 차이는 26도와 28도의 차이와 같다. 그래서 이 변인은 숫자 하나하나가 똑같은 정도의 양의 증감을 표시한다는 점에서 등간 변인이라고 부른다.

그런데 등간 변인에도 한계가 있다. 섭씨 10도보다 섭씨 20도는 섭씨 0도보다 섭씨 10도가 따뜻한 만큼 더 따뜻하다. 그러나 섭씨 20도는 섭씨 10도보다 두 배 따뜻한 것은 아니며, 섭씨 0도는 온도가 없는 것이 아니다. IQ 150인 사람은 IQ 100인 사람이 IQ 50인 사람보다 지능이 높은 정도만큼 지능이 더 높다고 간주되지만, 지능이 1.5배인 것은 아니며, IQ 0이라는 것은 존재할 수 없다. 즉 등간 변인은 숫자의 크기는 의미가 있지만 그 숫자의 비율까지 의미 있는 것은 아니다.

😑 그럼 숫자의 비율까지 의미가 있을 경우는 비율 변인이라고 하나요?

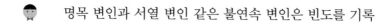 그래. 맞다. 예를 들면 "당신이 보유하고 있는 현금은 얼마입니까?"라고 물어본다면 그 대답은 비율 변인이다. 1,000원은 500원보다 두 배 많은 돈이며, 0원은 확실히 돈이 하나도 없는 것이니까. 하지만 자연과학과 달리 사회 조사에서는 비율 변인이라고 할 만한 것이 그렇게 많지 않으니, 등간 변인과 비율 변인을 구별하려고 지나치게 신경 쓸 필요는 없다.

자, 어쨌든 등간 변인과 비율 변인은 숫자 그 자체와 크기에 의미가 있는 변인이며, 숫자와 숫자 사이도 의미가 있는 변인이다. 즉 눈금에 1과 2만 표시되어 있어도 우리는 그 사이의 1.2, 1.5 같은 측정값이 존재한다고 생각한다. 실제로 우리가 자나 온도계를 볼 때 눈금과 눈금 사이를 적절하게 환산해서 읽는 것과 마찬가지다. 반면 명목 변인과 서열 변인은 숫자와 숫자 사이에 의미가 없다. 그래서 등간 변인과 비율 변인을 연속 변인이라고 하고, 명목 변인과 서열 변인을 불연속 변인이라고 한다.

| 불연속 변인 | | 연속 변인 | |
|---|---|---|---|
| 명목 변인 | 서열 변인 | 등간 변인 | 비율 변인 |

명목 변인과 서열 변인 같은 불연속 변인은 빈도를 기록

하면 되는데, 등간 변인이나 비율 변인 같은 연속 변인은 어떻게 정리해야 하나요?

등간 변인이나 비율 변인으로 측정한 결과를 빈도로 표시하는 것이 의미가 있을까? 이를테면 H고등학교 2학년 1반 학생 25명의 중간고사 성적을 다음 표처럼 보여 주면 어떻겠니?

| 중간고사 성적 | 응답자 수 |
| --- | --- |
| 37점 | 1명 |
| 42점 | 1명 |
| 53점 | 1명 |
| 56점 | 1명 |
| 61점 | 1명 |
| 62점 | 1명 |
| 66점 | 2명 |
| 67점 | 1명 |
| 68점 | 1명 |
| 69점 | 1명 |
| 70점 | 2명 |
| 72점 | 1명 |
| 73점 | 2명 |

아이고, 이거 몇 명째냐? 열일곱 명째? 팔 아파서 더 못쓰겠다.

🧑 아이고, 이게 무슨 짓이래요? 이 표를 보면 뭘 어쩌라는
것인지 알 수 없어요. 음, 이 표를 만약 이렇게 고쳐 보면 어떨까요?

| 중간고사 성적 | 응답자 수 |
|---|---|
| 60미만 | 4명 |
| 60~70미만 | 7명 |
| 70~80미만 | 8명 |
| 80~90미만 | 4명 |
| 90이상 | 2명 |

🧑 그래. 이건 한결 전달해 주는 의미가 분명하다. 하지만
이럴 거면 처음부터 이렇게 물어보는 게 낫지 않을까?

- 당신의 중간고사 점수는 어디에 해당됩니까?

  ① 60미만  ② 60~70미만  ③ 70~80미만

  ④ 80~90미만  ⑤ 90이상

😐 그러네요. 그럼 어떻게 할까요?

😐 자, 생각해 봐라. 네가 만약 2학년 1반의 성적에 대해 알고 싶다면 뭐가 가장 궁금하겠냐? 각 점수대에 해당하는 학생들이 몇 명씩이라는 것일까? 아니면 2학년 1반 학생들의 성적이 대략 어느 정도 수준인지가 궁금할까?

그리고 네가 2학년 1반과 2반의 성적을 비교하고자 한다면 두 학급의 점수대별 학생 숫자를 비교해야 할까, 아니면 두 학급 중 어느 쪽의 점수가 얼마나 더 높은지 알아봐야 할까?

😐 그거야 당연히 두 번째 것을 알아봐야죠. 누가 만약 서울과 부산의 기온에 대해 물어본다면 서울과 부산 중 어느 쪽이 기온이 더 높으며 얼마나 더 높은지를 궁금해하는 거예요. 22도인 날이 열흘, 25도인 날이 열닷새, 21도인 날이 여드레, 이런 식의 대답을 기대하진 않겠죠.

그런데 문제가 있어요. 2학년 1반과 2반 학생들의 점수는 전부 제각각이고, 서울과 부산의 기온도 날마다 다른데 어떤 식으로 표시해야 하죠?

숫자의 크기에 의미가 있는 등간 변인이나 비율 변인은 대푯값을 구해서 표시한단다. 이건 중학교 수학에도 나오는 거 아니었던가? 뭐, 또 듣는다고 나쁠 거 없으니까 이야기하마.

예를 들어 네 점수가 몇 점 정도인지 물어보면 뭐라고 대답할래? 여태까지 시험 점수를 다 얘기할래?

아이고, 어떻게 그래요? 그냥 93~94점 정도라고 대답할 거 같아요.

그렇게 대답할 줄 알았다. 93~94점이라는 점수는 도대체 어떤 시험에서 받은 점수지? 어떤 시험의 어떤 과목에서 받은 점수냐? 무슨 근거로 너는 네 점수가 그렇다고 생각하니?

근거는 없지만…… 그렇다고 1학년 1학기 중간고사에서 국어는 94점, 수학은 91점, 사회는 96점,…… 2학년 1학기 중간고사에서는 국어 95점, 수학 93점…… 이런 식으로 제가 받은 점수들을 다 나열할 수는 없잖아요? 다 기억나지도 않고. 그래서 대략 평균을 내 보면 저 정도 점수가 나올 거라는 말이었어요.

그래. 그게 바로 대푯값이다. 어떤 집단을 등간, 비례 수준으로 측정하면 정말 엄청나게 다양한 측정값이 나오는데, 이걸 일일이 표시하는 건 아무 의미 없기 때문에 어떤 하나의 수치로 그 집단의 값을 대표하게 하는 것이 바로 대푯값이다. 그러니까 넌 그동안 치렀던 수많은 시험의 점수들을 93~94점이라는 숫자로 대표시킨 것이다. 수민이는 점수가 얼마나 되나?

나, 이거 말하면 큰일 나는데…… 95점이나 96점 정도 될걸요.

이렇게 대푯값을 구함으로써 김한결과 박수민 중 누구 성적이 더 좋으냐는 질문에 모든 시험의 모든 과목 점수를 열어 보는 난리를 치지 않아도 되잖니?

하지만 93~94점은 제가 어림짐작한 점수예요. 이 점수가 대푯값이 될 수 있을까요?

# 대푯값은
## 어떻게 구할까?

😐　대푯값을 구하는 방법은 여러 가지가 있지만 다음 세 가지를 가장 많이 사용한다. 셋 다 나름대로 장점과 약점이 있기 때문에 어느 것이 더 좋은 방법이라고 딱 부러지게 말하기는 어렵다.

😀　첫 번째 방법은 뭐예요?

😐　첫 번째로 최빈값(mode)이 있다. 최빈값은 말 그대로 가장 빈번하게 관측되는 수치다. 예를 들어 한결이가 본 모든 과목의 시험 점수를 나열했을 때 가장 빈번하게 등장하는 숫자가 최빈값이다. 자, 다음과 같이 그동안 한결이가 받은 점수의 빈도를 그래프로 표시해 보자.

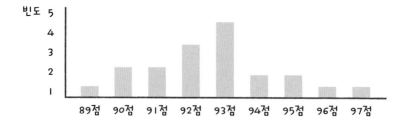

93점이라는 점수가 가장 빈번하게 나타났음을 확인할 수 있다. 따라서 김한결의 시험 점수의 최빈값은 93점이 되는 것이다. 어떠냐? 이 점수에 수긍할 수 있니?

음. 제가 어림짐작한 것과 비슷하게 나왔네요. 이거 신기한걸요?

그런데 최빈값으로 대푯값을 구하기 어려운 경우가 있다. 만약 한결이가 여태까지 치렀던 시험 결과가 다음 그래프처럼 나왔다고 하자. 그럼 이거 어떻게 되는 거지?

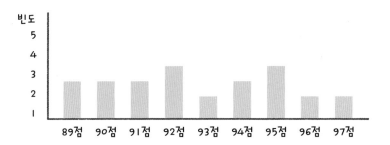

이건 곤란한데요? 최빈값이 없어요.

엄밀히 말하면 최빈값이 없는 것이 아니라 두 개라고 해야겠지. 92점과 95점 둘 다 네 번씩 나왔으니까. 이렇게 최빈값이 두 개 이상이면 어느 것을 대푯값으로 해야 할까? 심지어 모든 값의 빈도가 두 번씩으로 똑같다면 더 곤란하겠지? 흔히 말하는 도토리 키재기 같은 상황. 이런 상황이 되면 최빈값으로 전체를 대표시킨다는 것은 무리다.

95점으로 하죠. 기왕이면 높은 쪽으로. 하하하 놀라시긴요. 농담이에요. 그럼 선생님, 아무래도 다른 방법으로 대푯값을 구해야겠네요.

자, 그래서 우리에게 익숙한 평균이라는 것이 나온다. 엄밀히 말하면 산술평균(mean average)라고 해야 하지만, 그냥 평균이라고 해도 대부분 산술평균을 말하는 거란다. 평균 구하는 방법은 너도 알지?

지난 2년 동안 쳤던 시험 점수들을 낮은 점수부터 번호를 매겨가면서 차례대로 나열하고, 점수들을 모두 합친 다음, 시험 총 횟수인 18로 나누어 보면 평균이 나온다.

| 순위 | 1 | 2 | 3 | 4 | 5 | 6 | 7 | 8 | 9 | 10 | 11 | 12 | 13 | 14 | 15 | 16 | 17 | 18 |
|------|----|----|----|----|----|----|----|----|----|----|----|----|----|----|----|----|----|----|
| 점수 | 89 | 90 | 90 | 91 | 91 | 92 | 92 | 92 | 93 | 93 | 93 | 93 | 94 | 94 | 95 | 95 | 96 | 97 |

92.7777 이렇게 나오네요. 반올림 하면 93 정도 되겠어요. 최빈값이랑 큰 차이가 나지 않아요. 그런데 왠지 소수점까지 계산되어 나오니까 믿음이 가는걸요? 좀 더 정밀하다는 느낌도 들고요.

그래. 평균은 다른 대푯값들에 비해 연산 과정이 복잡하고, 무엇보다도 모든 관측값이 다 연산 과정에 반영되기 때문에 다양한 고급 통계에 응용하기에 적당하다. 특히 평균은 표준편차(standard deviation: SD)를 산출할 수 있다. 표준편차는 평균을 중심으로 ±X의 값을 가지기 때문에 평균을 대푯값으로 삼을 경우 관측값들이 대푯값에서 얼마나 가깝게 또는 멀리 분포되어 있는지 확인할 수 있단다.

네 시험 점수의 표준편차를 구해 보니 ±2.1285로구나. 따라서 네가 지난 2년간 치렀던 시험의 평균 점수는 92.7777(SD ±2.1285) 이렇게 표시할 수 있다. 이 말은 너의 시험 점수는 90.64952~94.90588 사이에 가장 많이 분포되어 있다는 뜻이지.

😀 　와, 이거 그럴듯한데요? 정말 저는 시험 칠 때 저 정도 범위 안에 있을 거라고 예상하고 치거든요.

😟 　하지만 관측값 중에 극단적으로 높거나 낮은 값이 있으면 평균은 전체를 대표하기에 적합하지 않게 된다. 예를 들어 네가 몹시 아파서 답안지를 밀어 쓰는 바람에 49점을 받았다고 하자. 앞의 표에 89점 대신 49점을 넣으면 이렇게 된다.

| 순위 | 1 | 2 | 3 | 4 | 5 | 6 | 7 | 8 | 9 | 10 | 11 | 12 | 13 | 14 | 15 | 16 | 17 | 18 |
|------|---|---|---|---|---|---|---|---|---|----|----|----|----|----|----|----|----|----|
| 점수 | 49 | 90 | 90 | 91 | 91 | 92 | 92 | 92 | 93 | 93 | 93 | 93 | 94 | 94 | 95 | 95 | 96 | 97 |

이제 평균은 90.555로 뚝 떨어져 버린다. 게다가 표준편차가 11.11437으로 네 점수의 분포가 81.66333~103.8921로 넓어져 버린다. 이렇게 되면 이 평균값이 가지는 통계적인 의미가 거의 없지 않겠니?

😀 　그러게요. 이렇게 범위가 넓어서야. 게다가 49점은 우연히 한 번 실수한 거고 앞으로는 이런 점수를 받을 가능성도 없다고요. 그런데 이렇게 대푯값에 영향을 미치면 곤란하죠.

😐　　　이렇게 다른 관측값들과 혼자 멀리 떨어져 있는 엉뚱한 관측값을 극단값이라고 한다. 평균은 이런 극단값의 영향을 쉽게 받는다는 치명적인 약점을 가지고 있다. 그래서 평균을 대푯값으로 삼을 경우에는 극단값이 있는지 반드시 살펴봐야 한다. 안 그러면 표본의 대푯값이 모집단의 실제값과 큰 차이가 날 수도 있으니까 말이다.

😐　　　실제로 그런 예가 있나요?

😐　　　보통 1인당 국민소득(GDP)으로 국민들의 생활 수준을 가늠한다. 하지만 1인당 국민소득이 과연 국민들이 얼마나 잘 사는지를 보여 주는 대푯값이 될 수 있는지 의심하는 사람도 많단다. 1인당 국민소득은 그 나라의 총 소득을 인구로 나눈 값, 즉 평균이다. 그래서 엄청나게 큰 부자가 있으면 평균이 올라가기 마련이지. 그럴 경우 1인당 국민소득은 높아지지만 다른 보통 국민들은 잘 살게 되었다고 느껴지지 않을 거야.

우리나라 1인당 국민소득은 23,000달러야. 우리 돈으로 바꾸면 2,400만 원 정도인데 3인 가족이라면 연 7,200만 원은 벌어야 평균이라는 뜻이란다. 하지만 그 정도 소득을 올리는 가정은 그렇게 많지 않단다. 게다가 이 정도 소득이라면 평균이 아니라 잘사는 정도라고도 할 수 있지.

빈부 격차가 심한 나라, 특히 빈곤층과 중산층의 차이보다 중산층과 부유층의 격차가 큰 나라에서는 1인당 국민소득과 실제 국민들이 느끼는 소득 수준이 서로 잘 맞지 않는다.

😐 극단값에 영향을 받지 않는 대푯값을 구하려면 어떻게 해야 해요?

😐 대푯값을 정하는 또 다른 방법으로 중앙값(median)이 있다. 중앙값이란 관측된 수치들을 작은 쪽에서 큰 쪽으로 순서대로 나열한 다음 그중에서 딱 가운데에 위치한 수치를 말한다. 한결이 시험 점수의 중앙값을 구해 보면 어떻게 될까?

😐 음. 가장 못 쳤던 시험 점수부터 순위를 매겨 보니까 모두 1등부터 18등까지 매길 수 있네요. 어, 이러면 딱 중앙이 안 나오는데요? 앞에서부터 9번째를 세면 9번, 뒤에서부터 9번째를 세면 10번이잖아요?

👤 　그럼 가상의 9.5번이 있다 치고 9번과 10번의 중간값을 생각해 보렴.

👤 　어, 그런데, 그럴 필요 없는데요? 9번째나 10번째나 모두 93점이니까요. 제 성적 중앙값은 93점이에요. 어, 잠깐! 이거 신기한데요? 평균으로 계산했을 때는 어처구니없이 낮은 점수를 받으면 그 영향을 많이 받아서 뚝 떨어졌는데, 중앙값은 그러거나 말거나 그대로네요. 하긴 모든 시험을 전체적으로 다 망치지 않고서야 달라질 이유가 없죠.

👤 　그래, 중앙값은 극단값이 몇 개 있더라도 영향을 받지 않아. 아주 망쳐서 50점 받은 시험이 한두 번 있거나, 혹은 100점을 받은 시험이 한두 번 있더라도 중앙값은 변화가 없으니까. 하지만 모든 사례가 아니라 한두 사례의 값만으로 그 집단 전체를 대표하는 것이기 때문에 평균만큼 대표성을 가지기는 좀 어려워. 예를 들어 우리 학교하고 D고등학교하고 어디가 더 공부를 잘하는지 비교할 때 딱 중간인 학생의 점수를 서로 비교하기는 좀 그렇잖니? 이럴 경우에는 전교생의 점수가 다 반영되는 평균 점수를 비교하는 것이 더 타당하겠지. 그래, 너 같으면 어떻게 할 테냐?

일단 평균과 중앙값을 모두 구해요. 그래서 평균과 중앙값의 차이가 크지 않으면 평균을 대푯값으로 사용하고, 차이가 크면 뭔가 극단값이 있다는 뜻이니까 그걸 찾아서 제거한 뒤 다시 평균을 구하는 게 좋을 것 같아요.

1인당 국민소득이 비현실적으로 느껴지는 이유도 그 때문이란다. 1인당 국민소득은 평균을 낸 수치이고 국민소득의 중앙값은 중위 소득이라고 한다. 2003년에서 2009년 사이에 1인당 국민소득과 중위 소득의 비율을 조사했는데, 1인당 국민소득보다 중위 소득이 더 낮았단다. 그러니까 우리나라 1인당 국민소득은 극단값에 해당하는 두드러지는 부자들 때문에 평균이 올라갔단 뜻이지.

그런데 평균-중위 소득 비율이 점점 떨어지고 있어. 2003년에는 중위 소득이 평균의 90.7%였는데 2009년에는 87.2%밖에 안 된단다. 우리나라 1인당 국민소득이 그만큼 극단값에 해당하는 부자들의 영향을 많이 받는다는 뜻이지.

실제로 평균-중위 소득 비율은 그 나라의 소득이 얼마나 평등하게 분포되었는지 판단하는 지표로 사용되고 있다. 이게 1에 가까울수록 균등하게 잘 분배가 된 것이고, 작을수록 불평등이 심하

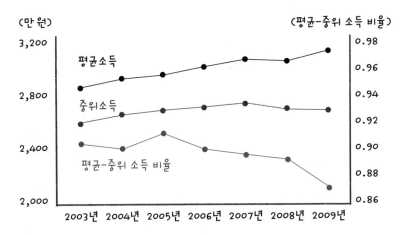

2003~2009년 평균-중위 소득 비율

단 뜻이지.

우리나라의 경우 2003~2007년까지는 0.895~0.907 사이에서 오르내리면서 일정 수준이 유지되었는데, 2007년 이후에는 꾸준히 떨어지고 있음을 확인할 수 있지. 2007년 이후 우리나라의 소득 불평등이 확대되고 있다는 증거다.

"자, 그럼 오늘 배운 것을 이용해서 설문 조사 결과를 어떻게 처리할지 결정해 볼래?"

한결이는 이마를 찌푸리며 설문지 결과를 뚫어져라 보았어요.

"학년은 서열 변인이니까 1학년, 2학년, 3학년 순서로 배열하고 몇 명 씩인지 빈도만 표시해요. 성별은 명목 변인이니까 남자 몇 명, 여자 몇 명 으로 빈도만 표시하고요."

한결이는 뜸을 들였다가 말을 이었습니다.

"음, 소득 수준. 이게 문제네요. 처음부터 '귀하 가정의 월 평균 소득은 얼마입니까?' 이렇게 물어보았으면 좋았을 텐데. 그랬으면 비율 변인으 로 처리해서 평균과 중앙값을 표시했을 거예요. 그런데 저는 '다음 중 귀 하 가정의 월 평균 소득은 어디에 해당합니까?' 이렇게 물었거든요. 이건 그냥 각 구간별로 빈도를 표시할 수밖에 없겠네요. 수학여행 선호지도 명 목 변인이니까 각 몇 명씩인지 빈도만 적어 주고요. 성적은 비율 변인이니 까 평균을 적고, 중앙값도 같이 표시하면 되겠네요. 선생님이 물었습니다. "그럼 나머지는 어떡할래? 교사 친밀도랑 자기 효능감 말이다." 교사 친 밀도하고 자기 효능감은 조사하고 코딩한 건 아깝지만, 선생님 말씀대로 알고자 하는 문제와 직결되지 않으니 삭제하려고요. 이렇게 정리하면 이 제 다 끝난 거죠?"

|  |  | 숫자 |
|---|---|---|
| 학년 | 1학년 | 49 |
| | 2학년 | 42 |
| | 3학년 | 45 |
| 성별 | 남자 | 65 |
| | 여자 | 71 |
| 소득 수준 | 200만 원 미만 | 21 |
| | 200~300만 원 미만 | 25 |
| | 300~400만 원 미만 | 45 |
| | 400만 원 이상 | 45 |
| 수학여행 선호 | 해외 | 79 |
| | 국내 | 57 |
| 성적 | 평균(100점만점) | 75.2 |

# 평균의 장난:
## 정몽준 효과

국회의원들 사이에서는 농담처럼 정몽준 효과라는 말이 오르내립니다. 엄청난 재산가인 정몽준 의원이 국회의원에 당선되느냐 마느냐에 따라 국회의원의 평균 재산이 엄청나게 달라지기 때문이죠. 사실 국회의원의 평균 재산이 지나치게 많을 때 이를 바라보는 국민의 시선은 곱지 않습니다. 국민의 대표가 아니라 부자의 대표라는 느낌을 주니까요.

그렇다면 우리나라 국회의원의 평균 재산은 얼마나 될까요? 19대 국회를 기준으로 무려 95억 원이나 됩니다. 확실히 서민이나 중산층을 대표하기에는 무리가 있습니다. 그러나 중간값을 구해 보면 전혀 결과가 다릅니다. 국회의원들을 재산 1위부터 295위까지 순위를 매겼을 경우 147위와 148위를 차지한 김관영 의원과 심재원 의원의 재산은 11억 2,000만 원과 10억 9,000만 원이니 그 사이인 11억 500만 원이 중간값이 됩니다. 평균 95억과 중간값 11억. 어느 쪽이 국회의원의 재산을 제대로 대표한다고 보십니까? 참고로 정몽준 의원의 재산은 무려 1조 9,800억 원으로 다른 의원 294명의 재산을 다 합쳐도 정 의원 재산의 절반도 되지 않는다고 합니다.

# 여러분은
# 중산층입니까?

　여러분 가정은 빈곤층, 중산층, 부유층 중 어디에 속합니까? 이런 질문을 받으면 응답자의 절반 이상이 중산층이라고 대답합니다. 그러나 질문을 바꾸어서 빈곤층을 지원하기 위해 중산층 이상부터 세금을 올리려고 하는데, 연 소득이 어느 정도 되는 가구부터 세금을 걷어야 하느냐고 물어보면 대개는 자신의 소득보다 더 높은 소득을 중산층의 기준으로 제시합니다. 도대체 소득이 어느 정도 돼야 중산층일까요? 통계적으로는 중위 소득의 50~150%를 버는 가구가 중산층입니다.

　미국에서는 4인 가족 기준으로 연 소득 33,000~65,000달러 정도의 가구를 중산층으로 봅니다. 그런데 복지정책을 위해 세금을 내어야 하는 중산층의 기준을 물어보았을 때는 연 소득 94,000달러는 돼야 한다고 응답했습니다. 우리나라의 경우 통계청에 따르면 4인 가족 기준으로 2,124만~6,372만 원, 평균으로는 4,300만 원 정도가 중산층이라고 합니다.

　그런데 중산층의 기준을 중위 소득이 아니라 평균 소득으로 환산하면 어떻게 될까요? 우리나라의 가구당 평균 소득은 4,475만원이기 때문에 2,237만~6,715만 원으로 중위 소득을 기준으로 할 때보다 높아집니다. 이는 빈곤층과 중산층의 소득 격차보다 중산층과 부유층의 소득 격차가 더 커서 평균값이 높아졌기 때문입니다.

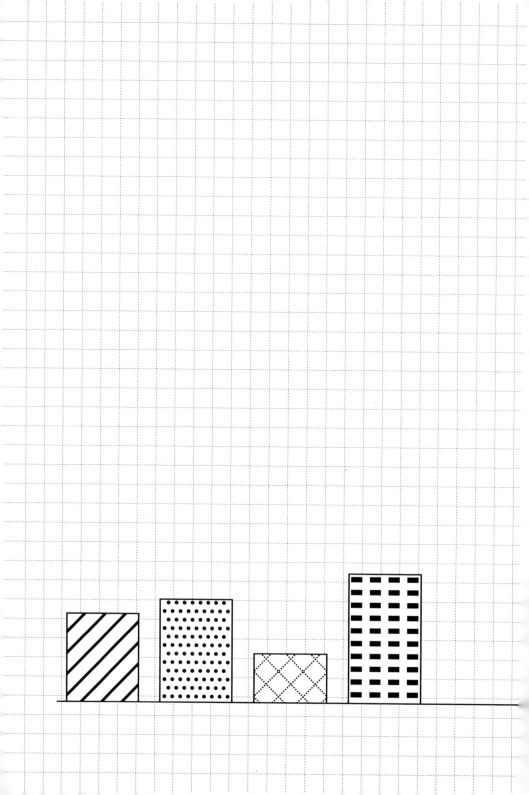

# 7
# 통계 분석 결과 해석하기

○ ● ○ ● ○

한결이가 인사를 하고 일어서려는데 선생님이 물었습니다.

"벌써 가려고?"

"설문지 만들기, 표본 추출, 응답, 통계 처리까지 끝났잖아요?"

"뭔가 아쉽다는 생각이 들지 않아?"

한결이가 한숨을 쉬면서 풀썩 주저앉았습니다.

"사실은 아쉬워요. 결과가 나오기는 했는데, 뭘 알아낸 건지 모르겠어요. 우리 학교 학생들은 소득 수준 300만 원 이상인 학생이 이하보다 더 많다는 것, 평균 점수가 75.2점이라는 것, 그리고 해외로 수학여행 가기 원하는 학생이 국내 수학여행 희망자보다 더 많다는 것. 서로 연결될 듯도 한데 정확하게 모르겠어요."

"수학여행 해외/국내 선호를 종속 변인(Y)으로 하고 다른 것들을 독립 변인(X)으로 해서 학생들의 수학여행 해외/국내 선호를 설명할 수 있는 원인을 찾아보고 싶다는 거지?"

"네. 어렵게 조사까지 했는데, 기껏 알아낸 사실이 해외여행을 선호하는 학생이 더 많다는 거면 그냥 앙케이트하고 다를 게 없잖아요?"

# 변인들 간의 관계를
# 어떻게 정리해야 할까?

👤 　네가 조사한 것을 정리하면 이렇게 되겠지?

수학여행 선호 지역=f(학년, 성별, 성적, 가정의 소득 수준)

그다음에 정리해야 하는 것은 각 변인의 속성이겠지. 변인의 속성에 따라 분석하는 방법이 달라지니까. 자, 변인들을 독립 변인, 종속 변인으로 분류하고, 다시 각 변인의 측정 수준별로 분류하는 표를 그려 보자.

| | 독립 변인 | | 종속 변인 | |
|---|---|---|---|---|
| 변인 명 | 변인 종류 | 변인 명 | 변인 종류 | |
| 학년 | | | | |
| 성별 | 불연속 | 수학여행 | 불연속 | |
| 소득 수준 | | 해외/국내 선호 | | |
| 성적 | 연속 | | | |

이렇게 정리하니 조사 결과 분석은 크게 두 개의 범주로 정리
된다. 불연속 변인→불연속 변인, 연속 변인→불연속 변인. 이중
먼저 불연속 변인과 불연속 변인의 관계를 분석해 보자. 어떻게
해야 할까?

범주와 범주의 관계가 되는데…… 이걸 어떻게 하죠?

이럴 때 필요한 게 교차 분할표라는 것이다. 우선 분할
표가 뭔지부터 알아보자. 분할표는 관측된 도수를 어떤 범주별로
분할하여 표시하는 것이다. 예를 들면 전체 관측값 136명을 학년
이라는 범주에 따라 49명, 42명, 45명으로 분할하는 거다.

| 1학년 | 2학년 | 3학년 | 전체 |
|---|---|---|---|
| 49 | 42 | 45 | 136 |

수학여행 선호 지역이라는 범주에 따라 하나 더 분할해 보자.

| 해외여행 | 국내여행 | 전체 |
|---|---|---|
| 79 | 57 | 136 |

분할표는 이처럼 하나의 범주에 따라 도수를 분할하는 거고, 교차분할표는 두 개 이상의 범주를 서로 교차시켜서 도수를 분할하는 거란다.

그럼 위 두 개의 표를 이용해 교차분할표를 만들어 볼까?

학년은 3개의 범주로 구성되어 있고, 수학여행 선호 지역은 2개의 범주로 구성되어 있으니 두 개를 교차시키면 각 학년별로 해외여행 혹은 국내여행을 선호하는 학생들의 수를 보여 주는 6개의 칸(셀)이 나오게 되겠지. 이거 말로 하는 것보다 직접 보는 게 훨씬 이해가 빠르겠다.

| | 해외여행 | 국내여행 | 계 |
|---|---|---|---|
| 1학년 | 37(28.46) | 12(20.54) | 49 |
| 2학년 | 28(24.39) | 14(17.61) | 42 |
| 3학년 | 14(26.13) | 31(14.87) | 45 |
| 계 | 79 | 57 | 136 |

학년이라는 범주로 분류한 학생들의 숫자를 다시 해외여행/국내여행 범주로 분류한 결과가 어떤지 잘 나타나 있다. 즉 1학년 49명을 해외/국내 여행 선호에 따라 37명과 12명으로 다시 분류하고, 2학년, 3학년도 그런 식으로 다시 분류했지. 이게 바로 교차분할표다. 그냥 줄여서 교차표라고도 하지.

😐 괄호 안의 숫자는 뭔가요?

😑 괄호 안의 숫자는 기대값이란다. 기대값은 각 칸에 관측될 것으로 예상되는 숫자를 말해.

1학년은 전체 136명 가운데 49명이고, 해외 여행을 선호하는 학생은 79명이다. 79명 가운데 1학년이 차지할 것으로 기대되는 수는 $79 \times 49/136 = 28.46$명이다.

😐 아. 그러면 기대값보다 실제 관측값이 더 많거나 적게 나왔다는 말은 범주 1에 해당하는 변인이 범주 2에 해당하는 변인에게 어떤 영향을 준 것으로 본다, 이런 거죠?

😑 그래, 성별을 기준으로 한 교차표는 네가 만들어 볼래?

남학생은 전체 응답자 136명 가운데 65명이고, 해외여행을 선호한 응답자는 79명이에요. 즉, 해외여행을 선호하는 남학생 기대값은 79×65/136=37.75명이에요. 그런데 실제 응답자는 36명이에요. 남자들 중 해외여행을 선호하는 학생들은 예상보다 1.75명 적다는 것을 알 수 있죠. 반면에 여학생들은 같은 방식으로 계산하면 해외여행을 선호한 학생들 79명 가운데 41.24명이 여자라야 하는데, 실제로는 43명이니까 예상보다 1.76명 많은 거죠. 그렇다면 학생의 성별이라는 변인이 해외여행/국내여행 선호라는 변인에 영향을 주었다고 볼 수 있는 거네요? 여자가 해외여행을 선호한다 이렇게요?

|  | 해외여행 | 국내여행 | 계 |
|---|---|---|---|
| 남자 | 36(37.75) | 29(27.25) | 65 |
| 여자 | 43(41.24) | 27(28.76) | 71 |
| 계 | 79 | 57 | 136 |

일단 그렇게 가정할 수는 있다. 정말 영향을 주었는지는 검증을 해 봐야겠지만.

아, 왜 검증이 필요한지 알겠어요. 남자냐 여자냐에 따라 기대값과 실제 관측값이 차이를 보이기는 했지만 그렇게 크지 않으니까요. 이 정도 차이라면 앞에서 배운 '오차 범위 내'의 차이일 수 있어요. 그러니까 이 차이가 오차 범위 안인지 밖인지를 확인해야 하겠군요.

하지만 학년에 따른 차이는 분명한 것 같아요. 1학년은 확실히 기대값보다 훨씬 많은 학생들이 해외여행을 선호했고, 3학년은 기대값보다 훨씬 많은 학생들이 국내여행을 선호했으니, 고학년일수록 국내여행을 선호하고 저학년일수록 해외여행을 선호한다고 말할 수 있지 않을까요? 아, 네. 물론 이것도 검증 절차를 거쳐야겠죠?


👤 물론이다.


👤 음. 그럼 이건 어떤가요? 학생들의 소득 수준별로 구분해서 교차표를 만들어 봤어요. 월 소득을 그대로 쓰게 했으면 연속 변인이 되었을 텐데 소득군을 나누어 물어보는 바람에 빈도만 세어 보았습니다.

소득군을 세로로 놓고 해외여행/국내여행 응답자 빈도를 살펴보니, 소득 수준이 300만 원 이상인 집단에서는 기대값보다 관측

|  | 해외여행 | 국내여행 | 계 |
|---|---|---|---|
| 200만 원 미만 | 15(12.12) | 6(8.88) | 21 |
| 200만~300만 원 미만 | 19(14.52) | 6(10.48) | 25 |
| 300만~400만 원 미만 | 21(26.13) | 24(18.87) | 45 |
| 400만 원 이상 | 24(26.13) | 21(18.87) | 45 |
| 계 | 79 | 57 | 136 |

값이 더 적게 나왔고, 300만 원 미만인 집단에서는 기대값보다 관측값이 더 높게 나왔습니다.

이것도 검증을 해 봐야 하겠지만 기대값이 14인데 관측값이 19로 5나 더 나왔으니 상당히 의미 있는 차이일 거라고 생각합니다. 그래서 소득 수준이 낮은 가정의 학생들이 해외여행을 선호한다고 조심스럽게 결론 내려 봅니다.

😐 음. 그건 그렇게 단정 지을 것이 아니란다. 물론 눈으로 봐도 기대값과 관측값의 차이가 꽤 커 보이기는 한다만, 그게 어느 정도의 의미가 있는지는 카이제곱 검증이란 특별한 검증 절차를 거친단다. 카이 제곱이란 무엇이냐 하면 각 칸마다 '(관측도수-기대도수)²/기대도수'를 계산해서 이걸 모두 합하자. 그러니까 'Σ(관측도수-기대도수)²/기대도수'를 구하는데…….

저저, 잠깐만요 선생님. 그거 다 컴퓨터 프로그램이 계산할 수 있는 거죠? 컴퓨터로 카이제곱 검증을 해서 그 차이가 의미 있는지 없는지 알아보면 되는 거죠?

그래. 거기까지만 하자꾸나. 컴퓨터한테 검증을 시키면 이런저런 수치가 나오는데 카이제곱 값의 유의확률 p의 숫자를 보여 줄 게다. 그 숫자가 0.05보다 작아야 의미 있는 수치다.

# 통계를 어떻게 분석해야 할까?

선생님, 쌩뚱맞긴 하지만 해외여행을 선호하는 학생들과 국내여행을 선호하는 학생들 중 누가 공부를 더 잘할지 궁금해졌어요.

갑자기 그런 생각을 왜 하게 되었니?

해외여행을 선호하는 학생들은 아무래도 경험의 폭이 넓고 영어도 되고 자신감이 있어서일 거라고 생각해 보면 공부를 잘하는 아이들일 것 같고, 또 거꾸로 이미 외국 여행 경험이 많고 외국에 대해 충분히 알 만큼 알고 있어서 오히려 국내 여행을 선호할 수도 있겠다는 생각이 들어서 오히려 그쪽이 공부를 더 잘하는 아이들일 것 같기도 하고요.

하하. 그것 참 애매하구나. 그럼 이 경우는 독립 변인이 '해외여행 선호 집단/ 국내여행 선호 집단'이라는 명목 변인이고 종속 변인은 학업 성취도라는 연속 변인인데, 이게 논리적으로는 말이 안 되는구나. 해외여행이나 국내여행을 선호하는 것이 학업 성취도에 영향을 준다고 보기는 어려우니 말이다. 오히려 거꾸로 학업 성취도가 높거나 낮을수록 해외여행을 선호한다거나 국내여행을 선호한다, 이렇게 명제를 세워야 논리적으로는 말이 될 것 같은데 말이다. 정 점수를 비교하고 싶으면 다른 걸로 해 보려무나.

그럼, 이건 어떤가요? 남자와 여자 가운데 누가 공부를 더 잘하나?

그건 논리적으로 말이 되는구나. 그럼 성별이라는 불연속 변인이 독립 변인이 되고, 평균 점수라는 연속 변인이 종속 변인이 되니, 앞에서 본 것처럼 두 집단의 평균을 비교하면 된다.

(탁탁탁!) 결과가 왔어요. 남학생의 평균 점수는 72.7점, 여학생의 평균 점수는 77.8점이네요. 거의 5점 정도 차이가 나요. 표준편차가 각각 ±1.87, ±2.12인 것으로 보아 오차 범위도 넘어설 것으로 보이고요. 물론 좀 더 정교한 검증이 필요하겠지만요.

| | 평균점수 | 표준편차 |
|---|---|---|
| 남학생 | 72.7 | ±1.87 |
| 여학생 | 77.8 | ±2.12 |

극단값 때문 아닐까? 여학생들은 대체로 성적이 고른 편이지만 남학생들은 아주 막장으로 포기하는 녀석들이 꼭 있잖아? 그 녀석들이 남자들 평균을 확 끌어내린 것은 아닐까?

그럼 중앙값을 구해 봐야겠네요. 이런. 중앙값을 비교해 봐도 3.2점이 차이 나요. 그래도 차이가 줄어든 것으로 봐서 남학생들은 확실히 극단적으로 성적이 낮은 학생들이 평균을 끌어 내린 모양이에요. 그런데 3.2점이란 차이도 오차 범위보다는 더 큰 것 같은데, 그렇다면 우리 학교는 여학생이 남학생보다 공부를 더 잘한다고 결론 내려도 되는 건가요?

| | 중앙값 |
|---|---|
| 남학생 | 73.5 |
| 여학생 | 76.7 |

🙂 그건 너무 성급하고, 이 경우에도 역시 두 집단의 평균값이 의미 있는 차이인지, 단지 표집오차인지 구별하는 검증 방법이 있다. 두 집단의 평균 차이를 검증할 때는 t값을 구해서 검증한단다. t값을 어떻게 구하는지 알아볼까?

🙂 아뇨, (손을 내저으며) 그것도 컴퓨터가 다 계산해 주는 거 아닌가요? 그냥 t값이란 게 있다는 것까지만요. 그리고 이것도 역시 p값이 0.05보다 작으면 의미 있는 차이인 거죠?

🙂 그래, 맞다. 그럼 이번에는 가구 소득 수준별로 학생들

의 평균 점수를 구해 봐라.


가구 소득 수준이 월 300만 원 미만 집단의 평균 점수가 300만 원 이상 집단보다 확실히 낮아요. 그리고 중앙값들로 비교해 봐도 300만~400만 원 대상 집단보다 7점 이상 낮아요.

|  | 평균점수 | 표준편차 | 중앙값 |
|---|---|---|---|
| 200만 원 미만 | 69.7 | ±1.98 | 70.1 |
| 200만~300만 원 미만 | 72.11 | ±1.27 | 72.15 |
| 300만~400만 원 미만 | 78.9 | ±1.12 | 77.7 |
| 400만 원 이상 | 77.21 | ±2.87 | 76.9 |

그렇다면 소득 수준이 낮은 집단의 학생들이 높은 집단의 학생들보다 공부를 더 못한다, 이렇게 결론 내려도 될까요? 아, 물론 아니겠죠. 이것도 표집오차인지 아닌지 검증해야 할 테니까요.


이제 도사가 다 됐구나.


그동안 재미있었어요. 이제 문제의 핵심에 도달했어요. 물론 그 뭐였죠? 아, 카이제곱 검증을 통과할 때의 이야기지만 다시 이 표를 보니 느낌이 확 와요. 소득 수준이 낮은 집단의 학생들이 소득이 높은 집단의 학생들보다 수학여행으로 해외를 선호하는 빈도가 높다는 사실이요.

| | 해외여행 | 국내여행 | 계 |
|---|---|---|---|
| 200만 원 미만 | 15(12.12) | 6(8.88) | 21 |
| 200만~300만 원 미만 | 19(14.52) | 6(10.48) | 25 |
| 300만~400만 원 미만 | 21(26.13) | 24(18.87) | 45 |
| 400만 원 이상 | 24(26.13) | 21(18.87) | 45 |
| 계 | 79 | 57 | 136 |

이렇게 생각해 볼 수 있을 것 같아요. 소득 수준이 낮은 가정의 학생들은 평소에 해외여행을 갈 기회가 별로 없었을 테니 수학여행이라도 다른 나라로 가고 싶겠죠. 물론 그러면 수학여행비가 올라가지만, 그래도 일반 해외여행보다는 저렴하므로 당장은 돈이 부담되더라도 얼마든지 지불할 의사가 있는 거죠.

반면에 소득 수준이 높은 가정의 학생들은 평소에 해외여행을 자주 가 봐서 수학여행을 특별히 해외로 가고 싶은 생각이 없는 거예요. 특히 우리 학교가 가는 일본, 대만, 홍콩, 싱가포르 같은 경우는 몇 번씩 다녀온 친구들도 있을 거고요. 경우에 따라서는 괜히 더 귀찮기만 할 수도 있고, 또 어떤 학생들은 공연히 시험 공부에 방해가 된다고 생각할 수도 있고요.

그렇다면 신문기사와 실제 상황은 완전히 달라요. 조동 일보에서는 우리 학교가 해외로 수학여행을 가서 가정 형편이 어려운 학생들을 소외시키고 위화감을 조성한다고 했지만, 막상 조사해 보니 결과가 달라요. 학생들 다수가 해외로 수학여행을 가고 싶어 할 뿐 아니라, 해외 수학여행을 희망하는 학생들은 주로 가정 형편이 상대적으로 어려운 학생들이었어요. 그러니 가난한 아이들이 느낄 위화감 때문에 해외 수학여행을 가지 않는다는 건 완전히 사실을 호도한 거네요. 도리어 가난한 학생들에게 그렇게라도 외국 구경을 할 수 있는 기회를 박탈하는 결과가 된다고요.

○ ● ○ ● ○

선생님이 고개를 끄덕이며 말했습니다.

"자, 지금까지 공부해 본 소감이 어떠냐?"

"이걸 공부하지 않았으면 해외로 수학여행을 가게 해 달라고 막연하게 떼를 쓸 뻔했어요. 다른 학생들도 다 그러길 원한다고 주장하면서도 증거는 대지 못했을 거예요. 하지만 이제는 달라요. 표본을 대상으로 내가 알고 싶은 것을 정확하게 수치화하고, 응답 결과를 표로 그려서 분석할 수 있게 되었으니까요. 그냥 말로 하는 주장보다 훨씬 설득력 있고 강력한 주장을 할 수 있게 되었어요."

"그래. 또 다른 건?"

"통계는 양날의 칼과 같다는 것을 알게 되었어요. 이렇게 통계적인 방법을 이용하면 어떤 주장을 훨씬 설득력 있게 할 수 있지만, 반면에 이걸 남용하면 설득력이 큰 만큼 더 위험해요. 거짓말을 마치 과학적인 근거가 있는 듯 포장하거나, 아니면 현실에 대한 왜곡된 정보를 제공할 수 있으니까요."

"그러니까 잘 배워야 하는 거다. 복잡해서 머리 아프다고 외면하면 안 돼. 우리가 귀찮다고 면밀히 분석하지 않으면 권력을 가진 사람들이 국민을 현란한 수치로 속이기가 쉬워진단다. 오늘날 우리가 살아가는 세상에 대한 정보는 대부분 통계 수치의 형태로 존재한다. 그러니 통계의 원리에 대해 잘 아는 것은 민주 시민의 필수적인 소양이라고 할 수 있지."

# 통계 기술 (description)을 통한 왜곡

K선수는 구단으로부터 어이없는 통보를 받았습니다. 그동안 별로 실적이 향상되지 않았기 때문에 연봉을 많이 올려 줄 수 없다는 것이었지요. K선수는 이해할 수 없었습니다. 2010년에 입단해서 2할 7푼이었던 타율이 2012년부터는 3할 2푼까지 올라가서 당당히 리그 3위에 올랐는데 왜 실력이 향상되지 않았단 말입니까? K선수는 구단 측에 항의했고, 구단 측에서는 다음과 같은 그래프를 보여 주었습니다. 그리고 연도별 타율의 변화인데 올라가긴 했으나 큰 차이는 없지 않느냐며 큰 소리를 쳤습니다.

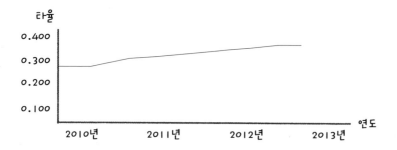

이 이야기를 들은 K선수의 친구인 J교사는 구단의 그래프를 다음과 같이 바꾸었습니다. 그리고 K선수는 이렇게 단기간에 타율이 이렇게 많이 오르지 않았느냐며 오히려 콧대를 세웠습니다.

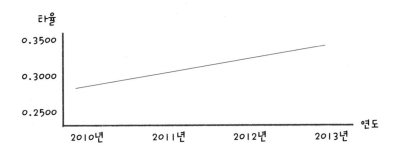

이렇게 통계 조사와 자료 자체는 정확하더라도 조사 결과를 어떻게 기술하느냐에 따라 사람들에게 주는 인상이 크게 달라집니다. 따라서 우리는 그래프로 제시되는 통계 자료의 시각 효과에 현혹되지 말고 그 수치를 꼼꼼하게 따져보는 습관을 가져야 할 것입니다. 물론 숫자로만 가득한 도표보다는 화려한 그래프가 한결 보기 좋기는 합니다. 하지만 그만큼 보는 사람을 현혹시키는 유혹도 강한 법입니다.

# 통계에 속지 말고, 통계 자료를 잘 활용하기 위한 6대 원칙

통계 자료를 판단하는 원칙들! GIGO라는 격언을 소개하면서 시작할게. 쓰레기(Garbage)가 들어가면(in) 쓰레기(Garbage)가 나온다(out). 그러니까 통계 처리 결과 나온 수치를 보기 전에 먼저 어떤 자료가 투입되었는지를 철저하게 검증해야 한다는 뜻이야.

그럼 투입된 자료가 쓰레기인지 아닌지 어떻게 확인할까?

# 1
# 변인을 어떻게 정의했는지 확인한다.

어떤 통계 자료를 덥석 믿어 버리기 전에 먼저 그 수치가 무엇에 대한 것인지 분명히 확인해야 해. 예컨대 어떤 통계 자료에서 '지능'이라는 변인이 있다고 하자. 그럼 우리는 부지불식간에 그 지능이라는 변인의 수치를 머리가 좋고 나쁜 것으로 받아들이게 돼. 하지만 '지능'이라고 써 놓고 뭐라고 설명하고 있는지를 분명히 따져 봐야 해. 변인 이름은 '지능'이라고 해 놓고 "측정 방법으로는 머리 둘레를 재 보기로 했다."라는 식이면 아무 의미가 없겠지?

그래서 정직한 조사자라면 측정 도구를 밝히기 마련이야. 이런 식으로 "이 보고서에서 지능이라 함은 웩슬러 방식 지능검사 상의 점수를 말한다." 이렇게 변인을 정의하는 것을 '조작적 정의'라고 해.

반면 뭔가 감추거나 왜곡하려는 통계 자료는 변인의 이름만 밝히고, 그 변인의 수치가 무엇을 측정한 결과인지는 밝히지 않아. 예컨대 변인 이름은 '국민의 생활 수준'이라고 해 놓고, 각 가구당 소유한 승용차 대수와 배기량을 측정한 뒤 그 값을 기본으로 순위를 매긴다면 우리나라 국민은 일본이나 싱가포르보다 생활 수준이 높은 것으로 나올 거야.

## 2
## 설문 문항을 확인한다.

아무리 지표가 제대로라도 설문지 문항이 이상하게 작성되었다면 통계 자료는 현실을 왜곡하기 쉬워. 예컨대 문항이 특정한 응답을 유도하고 있지 않은지, 문항이 하나가 아니라 여러 개를 묻고 있지 않은지, 문항에 어떤 특정한 가치관이나 편견이 들어 있지 않은지 꼭 확인해야 해.

## 3
## 표본이 제대로 뽑아졌는지 확인한다.

통계 자료는 대부분 표본 조사야. 그렇다면 그 소수의 표본이 전체, 즉 모집단을 대표할 수 있느냐, 그리고 대표한다면 어느 정도 대표하느냐가 관건이야. 이걸 알려면,

- 모집단 구성원이 모두 표본이 될 가능성을 동등하게 갖는 '확률 표집'이 이루어졌는지 따져 봐야 해.
- 확률 표집이 이루어졌다면 표본이 전체를 대표하지 못할 가

능성, 즉 표집오차가 몇 퍼센트나 되는지도 따져 봐야 해.

- 모집단의 구성원들이 적혀 있는 목록, 즉 표집틀이 실제 모집단의 구성원들을 제대로 담고 있는 목록인지 확인해야 해. 그 목록에 특정한 성향의 구성원들만 적혀 있다면 아무리 확률 표집을 제대로 했더라도 처음부터 편향된 표본이 선정될 거니까.

즉 양심적인 조사자는 표집틀이 무엇인지, 어떤 방법으로 표본을 선정했는지, 그리고 표집오차는 어느 정도인지 반드시 밝히기 마련이야. 만약 이 셋 중 어느 하나를 제대로 밝히지 않은 통계 자료가 있다면, 그건 의심해 봐야지.

어떤 자료가 투입되었는지 확인했으면 다음은 자료를 바르게 해석하는지 왜곡되게 해석하는지 판단해야 해.

## 4
## 평균값으로 제시된 자료는 반드시 극단값을 확인한다.

10명 중 9명에게는 각각 1만 원이 있고 한 명은 1억 원을 가지고 있다면 평균으로 내면 한 명당 1,000만 원을 가진 셈이 되어 버려. 그래서 평균으로 제시되는 결과를 보면 그 값이 그 집단을 대표하는 값이라고 단정하기 전에 먼저 중앙값하고 비교해서 차이가 많이 나는지 보고, 또 표준편차의 범위가 얼마나 되는지 봐야 해.

## 5
## 변인 간의 인과관계에 왜곡이 없는지 확인한다.

변인 간의 관계를 어떻게 두느냐에 따라 똑같은 통계 결과가 엉뚱하게 달라지기도 해. 특히 무엇을 X, 즉 독립 변인으로 두고 무엇을 Y, 즉 종속 변인으로 두느냐 하는 게 그렇지.

가난한 사람들은 공부를 못해서 가난한 것일까, 아니면 가난하기 때문에 공부를 못하는 것일까? 이 순서를 어떻게 두느냐에 따라 정치적으로 사회적으로 전혀 다른 견해가 되고 말지. 그래서 무엇을 X로 두느냐, 그리고 X로 두어야 할 것을 두었느냐, 이건 상당히 꼼꼼하게 살펴봐야 해.

# 6
## 알려지지 않은 다른 변인은 없는지 확인한다.

어디선가 엄마가 미용실에 많이 갈수록 아이의 학업 성적이 높아진다는 결과가 나왔대. 표집도 제대로 되었고, 극단값도 없었고, 통계 분석도 정확했지만 정말 엄마들이 미용실에 열심히 다니면 아이의 학업 성적이 높아질까? 당연히 아니겠지. 그런데 엄마가 미용실에 자주 간다는 것은 그만큼 집안이 넉넉하고 경제 사정이 좋다는 뜻이 아닐까? 그렇다면 실제로는 넉넉한 경제 사정이 엄마가 미용실에 자주 가는 것과 자녀의 학업 성적에 모두 영향을 주는 거야. 그런데 잘못하면 엄마의 미용실 이용 횟수가 아이의 학업 성적에 영향을 주는 것처럼 보일 수도 있는 거지. 그래서 항상 어떤 통계 자료를 보면 자료에 나오지 않은 다른 변인들의 영향은 없는지 신중하게 판단해야 해.

우리가 사는 세상은 복잡해. 그러니 어느 한두 가지 변인 때문에 어떤 결과가 나오지는 않아. 우리 세상은 수많은 변인들이 서로 엉켜서 결과에 영향을 미칠 거야. 그러니 어떤 한두 가지 변인으로 다 설명할 수 있는 것처럼 떠드는 사람이 있다면 우리는 반드시 다른 변인들 -이걸 외부 변인이라고 부르는데- 의 영향이 없는지 따져 봐야 해.

이런 원칙들을 잘 지켜서 자료를 꼼꼼하고 신중하게 해석한다면 통계는 아주 좋은 도구가 될 수 있어. 그냥 막연하게 주장하는 것이 아니라 구체적인 자료를 과학적으로 제시할 수 있고, 또 앞으로 어떻게 될 것인지 예측도 할 수 있으니까. 하지만 과학적이라고 사람들이 믿고 있기 때문에 그만큼 속고 속이기도 쉬워.

영국의 정치가 디스레일리라는 사람이 세상에는 세 가지 거짓말이 있다고 했대. 거짓말, 새빨간 거짓말, 그리고 통계. 하지만 거꾸로 세상에는 세 가지 진실이 있어. 진실, 참된 진실, 그리고 통계. 통계는 다른 거짓말과 달리 그 원리를 알고 사용법을 알면 속지 않을 수 있는 거짓말이야. 그러니 통계가 거짓말로 쓰이는 데는 속이는 사람들 탓도 있지만 속는 사람들의 무지도 있는 법이지. 게다가 오늘날 우리가 살아가는 세상은 온통 통계 수치로 뒤덮여 있어. 모든 통계를 거짓말이라고 밀어내기보다는 진실한 통계와 거짓된 통계를 구별할 수 있는 능력을 갖추는 게 올바른 길일 거야.

**다른 청소년 교양 4**

거짓말로 배우는 10대들의 통계학

| | |
|---|---|
| 초판 1쇄 발행 | 2014년 3월 5일 |
| 초판 3쇄 발행 | 2019년 1월 25일 |
| 지은이 | 권재원 |
| 펴낸이 | 김한청 |
| 편집 | 신한샘 |
| 마케팅 | 최원준, 최지애, 김선근 |
| 디자인 | 오혜진 |
| 펴낸곳 | 도서출판 다른 |
| 출판등록 | 2004년 9월 2일 제2013-000194호 |
| 주소 | 서울시 마포구 동교로27길 3-12 N빌딩 2층 |
| 전화 | 02-3143-6478 |
| 팩스 | 02-3143-6479 |
| 블로그 | http://blog.naver.com/darun_pub |
| 트위터 | @darunpub |
| 메일 | khc15968@hanmail.net |

ISBN 979-11-5633-021-9 (44310)
ISBN 978-89-92711-87-6 (SET)

\* 이 도서의 국립중앙도서관 출판시도서목록(CIP)은 서지정보유통지원시스템 홈페이지
(http://seoji.nl.go.kr)와 국가자료공동목록시스템(http://www.nl.go.kr/kolisnet)에서
이용하실 수 있습니다.(CIP제어번호: CIP2014005661)